AF322113

S. ZABOROWSKI

NOUVELLES

ET

CURIOSITÉS

SCIENTIFIQUES

PARIS

C. MARPON ET E. FLAMMARION, ÉDITEURS

1 A 9, GALERIE DE L'ODÉON ET RUE RACINE, 26

1883

Cet ouvrage qui constitue une revue des principaux faits d'une année, est composé d'extraits de différents recueils et notamment des feuilletons scientifiques de *la Justice*.

Le titre ne répond peut-être pas toujours exactement à son contenu; mais il indique du moins que l'auteur n'a eu d'autre prétention que celle de pouvoir être lu sans effort par tout le monde.

S. Z.

NOUVELLES ET CURIOSITÉS

SCIENTIFIQUES

LIBRAIRIE GERMER-BAILLÈRE

108, Boulevard Saint-Germain, 108

F. Aureau. — Imprimerie de Lagny.

NOUVELLES ET CURIOSITÉS

SCIENTIFIQUES

I

I. — A deux reprises, dans le courant de ce
mois-ci, les vents ont soufflé sur nos côtes avec
une extrême violence et déchaîné la tempête sur
toutes nos régions, et notamment en Algérie. La
liste si nombreuse des naufrages nous permet,
hélas! facilement, de nous représenter le spectacle terrifiant et admirable qu'a dû offrir l'Océan
bouleversé. Mais lorsque, habitant de pleine
terre, on se trouve dans de pareils moments ou
même dans des conditions bien moins tragiques,
sur le bord de la mer, on ne tarde pas à éprouver

un sentiment d'obsession, et bientôt d'angoisse inexprimable devant la force aveugle de ce vent qui vous poursuit partout sans faiblir un instant ni changer si peu que ce soit de direction. D'où vient-il, se demande-t-on, émergeant ainsi poussé par un souffle inextinguible du fond de l'occident, et qu'est-ce qui l'engendre? Tout le monde peut se rappeler à cette question les services que rendent les dépêches d'Amérique en nous annonçant les tempêtes qui règnent sur les côtes orientales du Nouveau-Monde. Mais la plupart, sinon la presque totalité des tempêtes ainsi annoncées, atteignent l'Europe à la hauteur des côtes de la Norvège. Ce ne sont pas celles-là qu'ont à prévoir et à redouter les navires et les barques de nos ports. Un problème météorologique s'impose donc à notre attention. M. Faye vient d'en entretenir l'Académie des sciences (1) et de fournir de très intéressants éclaircissements sur la genèse des vents à propos des stations météorologiques qu'il serait question d'établir dans le voisinage du pôle nord.

Les glaces des régions polaires n'ont pas sur nos climats l'influence qu'on est assez générale-

(1) Comptes rendus du 5 décembre 1881.

ment disposé à leur attribuer. Il règne en effet à quelques kilomètres au-dessus de nos têtes, dans les régions supérieures de l'atmosphère, un froid aussi excessif et plus constant que celui des pôles. Il serait surprenant qu'il n'eût pas plus d'influence sur nos climats.

Il est de notion vulgaire que c'est au sein de ce froid atmosphérique que se condense la vapeur d'eau qui se résout sur nos têtes en pluie et en neige. Or ce n'est pas aux pôles que se fait l'évaporation des mers, que se forme la vapeur d'eau, mais au contraire à l'équateur.

C'est le froid qui surplombe en quelque sorte les contrées les plus chaudes de la terre qui joue ainsi le principal rôle dans nos climats. Les plus grandes masses de vapeur d'eau s'élèvent vers lui sans entraîner très sensiblement les couches d'air qu'elles traversent ; elles s'y condensent en aiguilles glacées et glissant sous forme de cirrhus viennent engendrer dans nos zones tempérées les orages, la pluie, la neige.

C'est aussi à l'équateur que pour la même raison sont constamment soulevés les vents qui agitent notre atmosphère.

Tous les courants aériens tendent constamment à rétablir un équilibre sans cesse rompu. L'atmosphère se compose en effet de couches homogènes, parallèles ou c'est-à-dire comprises entre des surfaces de niveau à peu près sphériques et concentriques. Elles se séparent notamment par leurs différences de densité et de température. Les grands courants qui règnent dans ces couches, à toute hauteur, sont comme ceux de la mer, très peu inclinés sur leurs surfaces de niveau.

L'agent qui les détermine est celui-là même qui rompt l'équilibre des couches en modifiant leur température, c'est la chaleur solaire. Or, la chaleur atteint sa plus grande puissance sous l'équateur. Sous son action, les couches inférieures de l'atmosphère se dilatent, perdent de leur densité et de leur poids, et tendent à remonter. Mais elles ne forment pas un courant ascendant qui bouleverserait toutes les couches aériennes. Toutes les couches supérieures sont également soulevées au-dessus de leur niveau naturel, et, ne pouvant retomber sur place, coulent de toutes parts le long des surfaces de niveau avec une vitesse, d'abord très faible, mais qui va en s'accélérant, puis se répandent au loin sur ces surfaces en y portant une certaine surcharge.

Elles s'abaissent sur le sol, dans les contrées tempérées, par un mouvement d'ensemble d'une grande lenteur. Et comme elles sont animées d'un grand excès de vitesse, de l'ouest à l'est, par suite de la rotation de la terre, elles entraînent les couches inférieures, par la friction qui se communique de couche en couche, et entretiennent un vaste courant d'ouest à est, comprenant l'épaisseur des couches basses.

En outre, au sein de leur masse supérieure, il se dessine des courants particuliers qui, produits à huit ou dix mille mètres de hauteur, sont indépendants des aspérités du globe. Ils prennent naissance à quelques degrés de l'équateur, se dirigent d'abord à l'ouest tout en remontant vers le pôle, suivent la ligne d'action de la chaleur solaire, puis tournent à l'est-nord-est en décrivant une sorte de parabole dont le sommet est placé vers le 35° degré et dont l'axe est dirigé vers l'est. C'est au sein de ces courants que prennent naissance les mouvements giratoires, les tempêtes et les orages.

Il est alors aisé de comprendre, vu la direction qu'ils suivent, que les tempêtes qui partent des côtes d'Amérique n'atteignent en général que les côtes du nord de l'Europe.

La théorie enseigne que pour annoncer d'avance les tempêtes qui ravagent nos côtes, il faudrait prendre ses observations, établir une station météorologique aux Açores. Voilà un fait qui vaudrait bien au moins la peine qu'on le vérifie.

II. — Presque tous les journaux ont raconté que M. Paul Bert avait dernièrement disséqué plusieurs crocodiles dans son laboratoire de la Sorbonne et que même ces animaux avaient dû servir à un fameux festin du personnel du laboratoire. Leurs récits, dont quelques-uns d'une fantaisie assez brillante, comportent pas mal de rectifications.

Voici en effet ce qui a donné lieu à ces récits :
. MM. Régnard et R. Blanchard, sous-directeur et préparateur du laboratoire, avaient entrepris depuis deux ans une série de recherches sur la physiologie des animaux à sang froid. Jusqu'ici on n'avait guère disposé pour son étude que de grenouilles, de tortues et de couleuvres. En dernier lieu MM. Régnard et Blanchard avaient pu se procurer des varans (1) et des fouette-queue du

(1) Pour mettre en expérience ces animaux, ils avaient dû recourir à de grandes précautions, les museler avec des fils de fer, pour se préserver de leurs dents aiguës, fixer solidement leurs queues, dont ils frappent dangereusement tous ceux qui les approchent. Les Arabes qui les avaient capturés leur avaient cousu fortement les lèvres.

Sahara algérien. Ils avaient, il y a deux ans, acheté à Hambourg un petit caïman à museau de brochet. Mais ils avaient reconnu la nécessité d'opérer sur des crocodiliens de grande taille.

C'est dans ces conditions que M. James, notaire à Saïgon, a offert d'envoyer gratis autant de crocodiles qu'on en voudrait. M. Paul Bert a fait des démarches pour qu'ils fussent transportés aux frais de l'État.

Pour transporter les crocodiles, d'habitude, on les fixe sur le dos contre une planche percée de trous, puis on les abandonne sur le pont en ayant soin de leur introduire de temps en temps dans la gueule, au moyen d'une pince, des morceaux de viande fraîche.

Mais pour ses crocodiles, M. James fit construire trois immenses cages en fer. C'est ainsi qu'un beau jour, dix crocodiles à casque (espèce des plus rares dont aucun individu vivant n'était encore parvenu en France) ne mesurant pas moins de 5 mètres de long et pesant en moyenne de 70 à 100 kilogrammes, furent conduits dans des camions, à l'ébahissement des passants, de la gare de Lyon à la Sorbonne. De là ils ont dû être transportés au Jardin des Plantes pour quelque temps.

L'expérience la plus curieuse qui ait été faite sur eux a consisté à mesurer la puissance de leurs mâchoires.

Un crocodile étant attaché sur une lourde table, sa mâchoire inférieure a été fixée au moyen d'une corde à la surface même de la table, tandis.que la mâchoire supérieure a été attachée également par une corde à un piton vissé au plafond. Sur le trajet de cette dernière corde était intercalé un dynamomètre. Les choses une fois ainsi disposées on a excité l'animal par une secousse électrique. Sa mâchoire s'est abaissée lentement en tirant sur le dynamomètre. Et celui-ci a marqué une pression de 140 kilogrammes. Mais comme il se trouvait à l'extrémité du museau, cela équivaut pour les masséters à une force cinq fois plus considé_ rable, c'est-à-dire égale environ à 700 kilogrammes.

Si l'on considère toutefois que le poids de 140 kilogrammes de l'extrémité de la mâchoire porte tout entier sur les quatre pointes des crocs, et que ce poids correspond à la pression de 400 atmosphères, on est terrifié de la puissance, même des premières morsures de ces hideux ani_ maux; d'autant plus que l'expérience a été faite sur un animal affaibli par un long jeûne et notre température froide.

Un chien de chasse de grande taille n'a donné
dans de semblables conditions qu'une pression de
33 kilogrammes pour l'extrémité des mâchoires
et de 165 kilogrammes pour la force des masséters.

30 décembre 1881.

II

Des vertébrés terrestres de la fin des temps primaires. —
Des conditions d'existence qu'offrait alors notre globe :
Organisation des reptiles en rapport avec une pression
atmosphérique plus forte qu'aujourd'hui. — Puissance et
suprématie des reptiles à l'époque secondaire. — Découverte de vingt iguanodons. — Leur taille prodigieuse.

De récentes découvertes, notamment de celle
de l'*Euchyrosaurus rochei* et du *Stereorachis*,
deux genres de reptiles du permien (1) d'Igornay,
qui avaient des bras très perfectionnés, plus
propres à des mouvements variés que ceux des
autres reptiles, il résulte que les vertébrés terrestres étaient assez développés à la période géo-

(1) Le permien succède immédiatement au terrain carbonifère et forme la dernière et plus récente assise de la période primairo.

logique dite primaire pour offrir déjà quelques-unes des particularités qui devaient plus tard distinguer le type des mammifères.

Dans l'éloignement du temps, la puissante fécondité de la nature nous semble ainsi avoir produit presque d'un seul jet les ébauches de presque tous les types qui devaient peupler la terre. Mais il ne faut pas être dupe de cette illusion. Que là nature ait oui ou non été plus fécondé et les formes de la vie plus variables, l'époque primaire représente une durée, sans doute incalculable comme les autres, mais beaucoup plus grande que toutes celles qui l'ont suivie. Et voyons-nous le type des mammifères dont nous retrouvons déjà quelques traces, prendre dès maintenant son essor? Nullement. Son développement est en quelque sorte ajourné. Et c'est la famille des reptiles qui s'accroît, se développe et écrase toutes les autres, pour ainsi dire, sous le nombre, la variété, la grandeur de ses représentants. Et cela n'arrive pas par un accident, la fantaisie d'une nature capricieuse, mais tient essentiellement aux conditions du milieu, à leur évolution, aux phases mêmes de l'histoire de la terre, et principalement à l'action du poids de son atmosphère, autrefois plus épaisse et plus haute.

C'est surtout par le plus ou moins de tension de l'oxygène qui en résulte que la pression atmosphérique agit sur les animaux. Tous les êtres vivants périssent lorsque la tension de l'oxygène atteint une valeur assez élevée.

Dans les expériences de laboratoire, cette action funeste de l'oxygène se manifeste dans l'air comprimé à 6 ou 7 atmosphères.

Les végétaux y sont aussi sensibles que les animaux.

On a pu croire un instant qu'à l'époque houillère, la quantité des végétaux de cette époque représentant un travail d'assimilation prodigieux du carbone de l'air, la proportion de l'acide carbonique de l'air était énorme et que la quantité d'oxygène était proportionnellement moins grande qu'aujourd'hui. C'est, en réalité, le contraire qui a eu lieu. D'une part, en effet, il n'est pas douteux que tout l'acide carbonique engagé dans la croûte terrestre n'a jamais pu exister primitivement à l'état gazeux libre dans l'atmosphère terrestre. Il s'est vraisemblablement formé par la combustion successive du carbone qui occupe les parties centrales du globe sous forme de fonte ou de carbure d'hydrogène.

D'autre part, de récentes recherches, et en particulier celles qui ont amené la découverte de la respiration des végétaux qui consiste en une combustion comme celle des animaux, ont montré qu'une notable augmentation dans la proportion de l'acide carbonique de l'air serait très dangereuse à la végétation, et, du même coup, que cette proportion n'était pas plus élevée qu'aujourd'hui à l'époque houillère. Au contraire, la richesse en oxygène était incontestablement beaucoup plus grande. Sous une pression atmosphérique également beaucoup plus forte, la tension de ce gaz devait être telle que la vie de la plupart des espèces animales de nos jours, aurait alors été impossible. Diverses expériences et considérations le prouvent péremptoirement.

La fin des temps primaires et la plus grande partie des temps secondaires, au moins également éloignées des premières et des dernières manifestations de la vie sur le globe, tiennent le milieu entre l'époque où les animaux étaient muets et entendaient sans organe spécial (les vibrations sonores étant d'autant plus fortes que le milieu est plus dense) et celle où les animaux phonateurs ont dominé et où s'est montrée l'oreille avec ses appendices extérieurs. Nous pouvons par cela seul nous faire une idée des conditions qu'elles offraient. Et nous voyons précisément que l'organisme des reptiles répondait admirablement à ces conditions.

Ce sont des animaux à sang froid ; c'est-à-dire que la combustion organique, l'activité respiratoire est chez eux assez ralentie pour ne pas pouvoir élever la température de leur corps sensiblement au-dessus de celle de l'air ambiant.

Dans les expériences faites au laboratoire de la Sorbonne, MM. Blanchard et Régnard ont vu le sang et la lymphe de leurs crocodilles se coaguler au sortir même des vaisseaux.

Les mouvements de tous les reptiles sont par suite en général moins vifs et moins soutenus que ceux des mammifères. Ils redoutent bien davantage l'acide carbonique.

A la fin des temps primaires, la pression atmosphérique était diminuée au point de rendre possible la respiration pulmonaire. Les reptiles l'ont en effet inaugurée. Seulement, chez eux, la circulation est constituée par deux oreillettes et un ventricule *unique*. L'artère pulmonaire n'emmène donc vers le poumon, et l'aorte ne distribue aux organes, qu'un mélange de sang artériel et de sang veineux. Cela constitue aujourd'hui pour eux une véritable infériorité organique.

Mais alors, où la pression était encore beaucoup plus forte, cette infériorité était un avantage. Sous une forte pression, il n'y a en effet pour ainsi dire pas de sang veineux *chimiquement parlant*, tant l'organisme est saturé d'oxygène au-delà de ses besoins.

Lorsque la pression des temps primaires est devenue moindre, les reptiles n'ont pas perdu toute leur supériorité; mais les grands sauriens qui les représentent alors en première ligne ont le cœur conformé à peu près de la même manière que chez les oiseaux et les mammifères; du moins ils sont en possession de quatre cavités cardiaques, et le mélange de sang veineux et de sang artériel ne se fait chez eux qu'après que l'aorte a fourni le sang artériel de la tête.

La pression semble alors encore avoir été telle que la vigueur de la vie animale a dû en recevoir une vive impulsion. On sait que dans de l'air comprimé la puissance musculaire est accrue, l'appétit a plus d'exigence et une plus grande consommation alimentaire devient nécessaire. Or, nous voyons dans le cours de l'époque secondaire les reptiles atteindre une taille vraiment étonnante. Nous ne les énumèrerons pas. Mais la merveilleuse découverte que l'on vient de faire d'un groupe d'iguanodons entiers va vivement faire ressortir ce que nous avançons.

Nous empruntons les détails de cette découverte à M. Mourlon (1).

Donc en 1878, dans une galerie de recherches du puits Sainte-Barbe à Bernissart (entre Mons et Tournai), des ossements furent signalés dans de l'argile noirâtre.

M. Dupont averti fut mis en mesure de les extraire. Ils se trouvaient à 322 mètres de profondeur, leur gisement comblant *une crevasse ancienne du terrain houiller.*

On ne tarda pas à s'apercevoir qu'il ne s'agissait de rien moins que de cinq squelettes d'iguanodons adultes de 9 à 10 mètres de long. On n'avait jusqu'à présent que quelques fragments de ces animaux et l'on savait qu'ils appartenaient au wealdien, c'est-à-dire à la base du crétacé correspondant environ au milieu de l'époque secondaire.

Ces os gigantesques tombant en poussière, à l'air libre, M. de Pauer imagina de les entourer de plâtre à mesure qu'ils étaient mis à nu. C'est grâce à ce procédé qu'ils ont pu être conservés.

(1) *Géologie de la Belgique.* 2 vol. in-8°, 1880 et 1881, p. 118.

On a maintenant ainsi réuni au musée de Bruxelles les squelettes de vingt individus.

Par leur forme générale, leur port, leur allure, ils rappellent le kanguroo, mais un kanguroo énorme. Leur tête est petite relativement et ressemble à celle des chevaux.

Ils atteignent en général 10 mètres de longueur, avons-nous dit. L'un d'eux a même 14 mètres. Sa tête a 1 mètre 20. Ses pattes de devant dépassent 2 mètres 50 de haut.

Que l'on se représente de tels animaux se reposant sur leur train de derrière! Leur tête devait atteindre la cime des arbres. Et quel aspect terrifiant aurait leur masse prodigieuse se mouvant avec force dans le monde rabougri, étriqué de nos climats ! A peine dépasserions-nous leur cheville.

6 janvier 1882.

III

Des survivances des croyances déchues. — Cérémonies ca-
tholiques du culte du feu. — La fête du « feu sacré » à
Jérusalem. — Le culte du feu dans les Pyrénées, dans le
Poitou, etc., etc.

Les vieilles croyances survivent presque toujours à elles-mêmes, sous forme d'usages au sens
inconnu ou mystérieux dont l'origine se perd
dans la nuit des temps. Dans la masse des coutumes locales et des superstitions populaires se
trouvent ainsi en quelque sorte des débris ou-
bliés de tous les systèmes sociaux ou religieux
passés, débris altérés parfois autant par les systèmes plus nouveaux qui ont voulu effacer les
autres que par l'usure naturelle du temps.

L'interprétation et l'étude de ces résidus intellectuels sont du domaine de l'ethnographie, telle que la conçoivent B. Taylor et autres, notamment en Angleterre. Mais combien sont amalgamés indissolublement avec les croyances ou les systèmes aujourd'hui encore en vigueur! Un exemple fera voir ce qu'il est permis de présumer à cet égard.

Pour une grande partie, peut-être la majeure partie de la population qui pratique encore le catholicisme, les cérémonies de ce culte, qui, lui-même, d'ailleurs, on le sait, est un tissu de dogmes et de pratiques empruntés surtout à l'Orient, ces cérémonies n'ont de valeur que par la consécration de l'usage et par l'habitude qui les ramène comme une manifestation de joie ou de tristesse aux différentes époques de la vie. Eh bien! supposons par exemple, que le positivisme religieux soit substitué un jour au catholicisme. Toutes les cérémonies de celui-ci lui survivront presque entièrement. Mais elles auront complètement perdu le sens qu'elles ont aujourd'hui. Et si l'histoire n'était là pour témoigner de la substitution pure et simple du culte de l'humanité représentée par ses grands hommes à celui du Dieu des chrétiens, il deviendrait impossible de déterminer leur ancienneté, leur origine et leur sens primitif.

Il ne nous est de même pas toujours facile de démêler la signification première et l'origine des usages religieux que le catholicisme a consacrés ou qui ont survécu à côté de lui. Il en est toutefois un bon nombre, trop expressifs par eux-mêmes et trop répandus pour n'avoir pas été interprétés depuis longtemps.

Tels sont ceux qui se rapportent au très ancien culte du feu, associé à celui de la puissance fécondante.

Nos ancêtres aryens se servaient pour allumer le feu, d'un bâton appelé *pramatha* (d'où le Prométhée des Grecs), et *pramatha* est composé de deux racines signifiant *ravir avec force* et *produire par la friction*. Ce bâton était muni d'une corde de chanvre mêlé de poil de vache avec laquelle on lui imprimait un mouvement rotatoire alternatif de droite à gauche et inversement ; et, par son extrémité, on le frottait ainsi dans une petite fossette pratiquée au point d'intersection de deux morceaux de bois placés transversalement de manière à former une croix et ayant leurs extrémités, recourbées en angle droit, fixées solidement par quatre clous de bronze.

Le *pramatha* figure déjà comme l'organe mâle fécondateur, dans un des hymnes du livre sacré le *Rigvéda*. Les deux bâtons en croix formaient le *swastika*. Tous deux étaient fabriqués par *Twastri*, le divin charpentier, et de leur frottement naissait l'enfant divin *Agni*, qui s'appelait lui-même *Akta, l'oint*, lorsque les prêtres l'avaient arrosé de *sôma* et de beurre purifié.

Le symbole du *swastika* ou la *croix gammée* s'est répandu en Europe bien longtemps avant les époques grecque et romaine, avec l'industrie du bronze. La légende chrétienne du crucifiement n'a donc fait en Europe que raviver et conserver le culte primitif aryen de la croix comme symbole du feu.

Les chrétiens n'ont, d'ailleurs, pas méconnu cette origine de l'adoration de la croix, car ils représentent eux-mêmes leur croix, avec un agneau entouré des jaillissements de la flamme, dans l'entre-croisement de ses deux bras. Et, ce qui est plus significatif peut-être encore, c'est la perpétuation du culte antique sous une forme presque grossière. Tous les ans, en effet, il se célèbre à Jérusalem, dans l'église élevée sur le tombeau du Christ, *la fête du feu sacré*. M. Noulet en a raconté le cérémonial dans l'un des derniers fascicules du *Tour du Monde*. De tous les points du globe, mais surtout de la Russie arrivent à cette occasion, à Jérusalem, des pèlerins qui s'installent dans le temple et y campent. La cohue grouillante de ce peuple est, paraît-il, énorme. Le jour de la fête, deux évêques, et toujours au moins l'évêque grec, les autorités turques et les consuls une fois installés en pompe dans les tribunes, descendent dans le tombeau sans que personne puisse les suivre. Là, ils allument un cierge au feu *descendu du ciel* (il est essentiel que personne ne les voie, on le comprend), et l'un d'eux passant son bras au travers d'une embrasure pratiquée à dessein, présente ce cierge allumé aux fidèles. Alors la scène qui se passe est, paraît-il, indescriptible. Chaque fidèle, muni d'un cierge, se précipite vers la flamme sacrée. On se la transmet, mais ceux qui peuvent y allumer leur cierge directement seront plus heureux que les autres. Ce cierge remporté pieusement, préservera mieux leur maison. Et ce n'est pas tout. Les êtres qui prennent vie en ce moment sont destinés à la plus parfaite félicité. Les arcades obscures des bas-côtés sont en conséquence témoins d'actes révoltants dans leur bestialité. Le spectacle est inoubliable.

C'est là, à n'en pas douter le *culte du feu* dans sa *pureté* primitive. Nous le voyons par ce qui subsiste de ce culte un peu partout, en dehors de la sanction du catholicisme.

Dans bien des endroits ce sont les prêtres eux-mêmes qui sont parvenus à obtenir le privilège d'allumer les feux de l'arbre de la Saint-Jean. Mais cette cérémonie conserve encore son caractère païen çà et là.

Dans les Pyrénées, ce caractère païen est en quelques endroits plus particulièrement frappant. Naguère encore, à Castillon, d'après MM. Piette et Lacaze, au moment où le prêtre mettait, près du village, le feu au brandon bénit, un brandon rival était allumé sur la montagne, au haut des *Artigous*. La cérémonie païenne se fait encore à Luchon, sur la montagne qui domine la ville; mais il n'y a plus que les jeunes gens et les enfants qui prennent part à cette fête accompagnée de danses et de cris sauvages (1).

Dans le Larboust on croit qu'un petit morceau de bois carbonisé, provenant du brandon, détourne de la maison où il est pieusement conservé la foudre et les mauvais esprits.

(1) Nous avons, il y a plusieurs années, vu la même fête suivie de l'arrachement de l'arbre au milieu du brasier, non loin de Paris, dans un village près de Montlhéry. Elle subsiste encore en bien des endroits.

Sur la montagne de l'Espiaup, près du village de Poubeau, dans le Larboust également, à côté d'un gros bloc de deux mètres de haut, existe une pierre d'un aspect phalliforme. Il y a une trentaine d'années, le soir du mardi-gras, les jeunes gens allaient en procession faire sur cette pierre un grand feu de paille, pour lequel chaque chef de maison fournissait une botte, et ils accomplissaient à cette occasion des cérémonies d'une nature indécente. L'attachement au culte de cette pierre était très vif; elle guérissait l'impuissance des hommes et la stérilité des femmes.

Nous avons recueilli dans le Poitou une série de superstitions qui se rapportent de même au culte du feu, tel qu'il se pratique encore à Jérusalem.

En voici quelques-unes sous la forme de dictons populaires.

« Au feu de joie (nous l'avons vu allumer bien des fois et encore récemment) si le *mai* (l'arbre de mai planté au milieu) brûlé tombe, celui près duquel il tombe aura malheur dans l'année.

» Le premier qui enlèvera une des pierres qui ont tenu le *mai* ou entouré le feu, aura malheur.

» Si tu es *femme* et *vieille*, quand tes parents et amis iront baller autour du feu, ceins-toi les reins de lierre terrestre, l'herbe à Saint-Jean, gardes-en la ceinture jusqu'à ton coucher et tu éviteras les douleurs de l'âge.

» Si, dès le matin de la Saint-Jean *avant soleil levé*, tu as collé à ta porte une *croix* de feuilles de noyer et qu'à la nuit tombante la croix y soit encore, tu n'as rien à craindre, ni maladies, ni peines jusqu'à la Saint-Jean prochaine.

» Si une poule couve dans ta maison, le jour de Saint-Jean, mets-la dehors, il t'arriverait malheur.

» Si tu voles une poignée de fumier à ton voisin, ton voisin n'aura pas de récolte et la tienne sera double.

» Si tu coupes le jour de la Saint-Jean, *avant le lever du soleil* (1), une brassée d'herbe dans le pré de ton voisin et que tu la donnes à tes vaches, les vaches de ton voisin tariront et les tiennes en seront avantagées d'autant, etc. »

Il y en a toute une série du genre de ces derniers et pas plus moraux.

Nous aurions voulu, à la suite de ces faits en partie connus, en signaler bien d'autres du même

---

(1) Son culte s'associe pleinement à celui du feu, et nous voyons aux temps préhistoriques, son symbole, le cercle, devenir sacré en même temps que la croix.

genre qui se rapportent à d'autres contrées de l'Europe, la Galicie et la Russie occidentale, où nous aurions trouvé de curieux rapprochements à faire au point de vue des mœurs, des coutumes et même des caractères physiques.

Mais nous sommes obligés de remettre à une prochaine fois la suite de cette intéressante étude.

9 décembre 1881.

IV

De la psychologie nouvelle ou physiologie de l'esprit. — L'inanité de la psychologie classique. — Du principe essentiel de la psychologie. — Le cerveau, son volume et son poids. — Capacité du crâne, ses variations et sa signification.

La psychologie est cette science qui étudie ce MOI mystérieux, ce quelque chose qui est en nous et que, par une illusion bien naturelle, nous croyons trop souvent indépendant des phénomènes par lesquels il se manifeste et cause première, sans conditions nécessaires, de nos actions. Son origine remonte au *Connais-toi toi-même* de Socrate. Mais dans l'obscurité de ses principes, la complexité trompeuse de son objet, elle n'a eu de la science, jusqu'à présent, que des apparences qui l'ont fait écarter et redouter par les vrais savants. Tout le monde, en effet, s'est cru apte à s'observer soi-même et à disserter sur la nature de son intelligence. En sorte qu'on a vu donner, sous le nom de psychologie, toutes les élucubrations d'esprits hallucinés par la contemplation intime d'eux-mêmes.

Mais les philosophes du dix-huitième siècle, ceux de l'école dite sensualiste, et notamment Hume, ont préparé l'avènement d'une psychologie nouvelle. Il n'appartient à personne de refuser à celle-là une place dans la série des sciences. Et l'on entend la distinguer nettement de l'autre en l'appelant assez communément *Physiologie de l'esprit* ou *Physiologie psychologique*. Le champ de ses recherches est considérable et elle offre aux regards attentifs bien des régions inexplorées. C'est en Angleterre qu'elle a été le plus cultivée et que se sont réalisés ses principaux progrès en notre siècle. (On doit à M. Ribot une *Histoire de la psychologie en Angleterre et en Allemagne*.) Car elle compte parmi ses adeptes les noms illustres de Stuart-Mill, Herbert Spencer, etc. Et aujourd'hui, médecins, aliénistes, anthropologistes, lui fournissent, en connaissance de cause, les matériaux dont elle a besoin ; chaque naturaliste même, qu'il s'occupe de l'homme ou des autres animaux (1), lui apporte le contingent de ses observations, observations qu'elle seule peut coordonner et féconder.

Est-ce à dire qu'elle est seule aussi maintenant jugée digne de nos méditations et de nos recherches? Nullement. Bien qu'elle n'ait plus son intégrité première, l'ancienne psychologie règne encore dans notre monde académique et universitaire. Le *Dictionnaire des sciences philosophiques*, qui se publie sous la direction de M. Franck, de l'Institut, la préconise uniquement comme *une partie de la philosophie qui a pour objet la connaissance de l'âme et de ses facultés considérées en elles-mêmes et étudiées par le seul moyen de la conscience.* » Elle entre dans le programme de l'enseignement, comme des examens destinés à sanctionner les études classiques.

En notre temps, nous avons toujours éprouvé un sentiment de révolte à voir ainsi imposer à des jeunes gens, au risque de leur avenir, la démonstration de choses que tous les philosophes proclamaient déjà indémontrables et dont la

______

(1) Nous pourrions citer dans cet ordre toute une série d'ouvrages récents et de mémoires, sur les *sociétés animales, l'intelligence et les sens des insectes,* etc.

3.

science n'avait jamais rencontré le moindre indice positif. On a fait depuis quelques concessions de forme ; on veut bien admettre par exemple que la connaissance du cerveau peut avoir quelque utilité pour celle même de l'esprit.

Mais au fond c'est la métaphysique du moyen âge que l'on impose encore aux jeunes intelligences sous le nom de cette philosophie baroque qui comprend la théodicée, ou démonstration d'un être surnaturel et tout-puissant, la psychologie avec un principe, l'âme, également en dehors du monde phénoménal, et une morale dépendante de ces deux conceptions. Or, toutes les données de la science contemporaine sont en opposition complète avec cette métaphysique et avec toute métaphysique, car elles témoignent toutes de l'absence de toute intervention capricieuse dans l'enchaînement des lois immuables qui régissent tous les phénomènes de l'univers. Cette situation peut-elle durer ? Il faudrait vraiment être dépourvu de toute idée générale satisfaisante sur le monde et l'homme, de tout esprit philosophique, pour le croire. Si l'on ne veut rien nier de ce que l'on a affirmé d'abord, du moins faut-il reconnaître avec la science que nous n'atteignons que le monde des phénomènes, que ce monde est gouverné par des lois immuables et que nous devons ranger, par conséquent, Dieu, l'âme, etc., parmi les hypothèses, les entités, ou, pour le moins, parmi les choses inconnaissables.

La psychologie nouvelle, celle que nous professons avec tous les esprits émancipés, ne fait point partie d'une philosophie quelconque plus essentiellement qu'aucune autre science : elle ne s'occupe point de l'âme et de ses facultés considérées en elles-mêmes, mais des phénomènes par lesquels se manifeste l'intelligence et des conditions *invariables, des lois* de leur manifestation ; enfin, elle ne demande pas à la conscience seule de lui faire connaître l'esprit, elle ne se borne pas à l'observation interne trop souvent illusoire, mais elle fait appel à la méthode des sciences naturelles, disposant parfois, malgré la délicatesse de son sujet et la crainte respectueuse qui la maîtrise, de l'expérimentation elle-même, grâce à la pathologie. Son premier principe, son point de départ, est ce fait, naguère encore considéré comme une hérésie par la philosophie officielle, que le cerveau est l'organe de la pensée, de l'esprit, ou plus exactement que l'intelligence, l'âme, si l'on veut comprendre sous ce mot l'ensemble des idées et des sentiments, est une fonction du cerveau.

Sans poursuivre ces considérations générales, nous allons nous arrêter sur ce principe pour exposer quelques récentes recherches qui, sans viser à le démontrer, n'auraient pourtant aucune signification sans lui.

Au-dessous d'un certain volume et d'un certain poids le cerveau ne donne plus une intelligence suffisante pour la conduite de la vie. On estime depuis longtemps d'une façon très approximative le volume du cerveau par la mesure de la capacité du crâne qui le contient avec toutes ses membranes, le cervelet et la protubérance annulaire reliant ses parties. Tous les crânes non déformés d'Européens adultes dont la capacité est inférieure à 1,150 centimètres cubes et dont la circonférence horizontale ne dépasse pas 480 millimètres, si c'est un homme, et 475 si c'est une femme, appartiennent à des demi-microcéphales, à des individus à moitié idiots. Cela seul suffirait à établir d'une manière irréfutable qu'il existe un rapport entre la capacité du crâne et l'intelligence.

Mais on sait en outre que les crânes des races inférieures n'atteignent jamais la capacité de bon nombre de crânes des races supérieures et qu'ils sont au contraire souvent d'une capacité avec laquelle des Européens seraient idiots. La capacité crânienne des femmes de certaines races noires peut descendre au-dessous de 1000 et de 900 centimètres cubes. Les hommes des races les plus inférieures ont une capacité crânienne en général de 1,150 à 1,500 centimètres cubes ; les Parisiens modernes de 1,300 à 1,900. Et tandis que la différence de la capacité moyenne du crâne entre les races les plus élevées et les moins élevées ne dépasse guère 200 centimètres cubes, la différence entre les plus gros crânes des races supérieures et les plus gros crânes des races inférieures atteint 400 centimètres cubes (1).

Ce n'est pas tout. Broca a montré que les Parisiens du douzième siècle, par exemple, avaient de moins grands crânes que les modernes. Ils n'avaient pas un seul crâne de 1,800 à 1,900 centimètres cubes, tandis que les modernes en au-

(1) Entre le maximum des anthropoïdes et le minimum des hommes, la différence est de **427** centimètres cubes. C'est dans les limites de cette différence que sont placés les demi-microcéphales, et au-dessous, dans la limite même de la capacité crânienne des anthropoïdes, que sont placés les microcéphales.

raient 5,2 pour 100. Les crânes de 1,400 à 1,500 centimètres cubes étaient parmi eux proportionnellement les plus fréquents, tandis que parmi nous, ce sont ceux de 1,600 à 1,700 centimètres cubes. Enfin, confirmant des observations déjà anciennes de Parchappe, Broca, par des mesures comparées de têtes d'étudiants et d'infirmiers, a prouvé qu'une certaine culture intellectuelle était en rapport avec une capacité crânienne sensiblement plus élevée. M. le docteur Le Bon, depuis, a mesuré une série de crânes d'hommes distingués, comprenant La Fontaine, Descartes, etc. ; leur capacité dépassait presque toujours notablement la moyenne générale. Nous ne pourrions pas suffire à citer toutes les observations isolées de ce genre.

Mais le volume du crâne varie considérablement au sein d'une même race, d'une même classe d'individus. On ne saurait affirmer que ces variations correspondent toujours à des variations dans le degré d'énergie intellectuelle et morale. D'autres causes interviennent. On serait seulement surpris de voir contester par des personnes un peu au courant de ces recherches, que c'est l'intelligence et l'énergie morale qui influent le plus sur la capacité du crâne.

Il est clair, toutefois, que cette capacité ne donne pas toujours une mesure assez exacte du volume même, et surtout du poids du cerveau, de sa densité, ou, si nous osons le dire, de sa qualité. On ne peut s'en contenter. Les pesées du cerveau qui ont été faites confirment, il est vrai, les conclusions que nous venons de tirer des mesures de la capacité crânienne. Mais il est extrê-mement difficile d'en réunir un assez grand nombre pour déterminer toutes les causes qui font varier le poids du cerveau.

Broca, cependant, en a rassemblé beaucoup qui ont déjà été mises en partie en œuvre par M. Le Bon. Et en dernier lieu, deux savants étrangers, MM. Bischoff et Nicolucci en ont publié d'importantes séries (1880-1881). Ce sont celles-là que nous voudrions examiner, d'après une analyse fort bien faite, sauf quelques omissions, par M. Hervé.

1881.

V

L'intelligence et le cerveau. — Du poids de l'encéphale.

I. — Lorsque la moelle épinière, portant à son extrémité supérieure le nom de *bulbe rachidien*, est entrée dans le crâne par le trou occipital, elle passe au-dessous des fibres transversales qui réunissent les deux lobes du cervelet et s'entre-croisent avec elle dans un renflement appelé *protubérance annulaire* et donne naissance au-dessus à deux faisceaux dits *pédoncules cérébraux*. Ces pédoncules s'écartent à droite et à gauche et se portent en haut et en dehors pour s'épanouir en deux gerbes de fibres blanches qui se recourbent sur les bords à la façon d'un champignon autour de son pédoncule et forment les *hémisphères céré-*

braux que recouvre une couche de substance grise celluleuse.

La matière blanche formée de minces filaments ou tubes est la partie conductrice; la matière grise, qui se plisse régulièrement à la surface des hémisphères pour former les circonvolutions cérébrales, est la partie pensante, le centre de toutes les réactions conscientes. Entre les deux hémisphères, sur leurs bords internes, les fibres blanches qui établissent leur solidarité forment une sorte de plexus appelé corps calleux. Autour de chacun d'eux règne un canal formant une série de cavités dont les principales sont les ventricules latéraux.

Ce sont ces deux hémisphères qui constituent le cerveau, avec leurs dépendances, les pédoncules et les renflements appelés *tubercules quadrijumeaux, couches optiques* et *corps striés*, et qui sont plus particulièrement le siège de l'intelligence. Mais l'*encéphale* comprend, en outre, le cervelet et la *protubérance annulaire* qui est le centre où se mettent en rapport le cerveau, les deux lobes du cervelet et le bulbe rachidien.

Le poids moyen de l'encéphale varie d'abord selon le sexe et selon la race.

II. — D'après Bischof, qui dans le travail analysé par M. Hervé, a mis en œuvre 906 pesées, dont 559 pour l'homme et 347 pour la femme, ce poids absolu moyen de l'encéphale, est de 1,362 grammes, chez l'homme, entre 17 et 80 ans, et de 1,219 grammes chez la femme, entre 15 et 80 ans. Dans l'âge mûr, entre 30 et 40 ans, cette moyenne s'élève à 1,365 grammes, chez l'homme, et à 1,233 grammes chez la femme. Les cerveaux pesés par Bischof, étaient ceux de Bavarois, pour la plupart morts à l'hôpital ou en prison.

M. Nicolucci, aux cerveaux de Bischof, a réuni des cerveaux d'Anglais, de Slaves, d'Allemands, d'Italiens, pesés par divers auteurs. De cet ensemble, ne comprenant pas moins de 4,875 pesées, il ressort que le poids moyen de l'encéphale serait, de 20 à 90 ans, de 1,331 grammes chez l'homme et de 1,189 grammes chez la femme. Si l'on défalque les cerveaux d'individus de plus de 50 ans, la moyenne s'élève à 1,364 grammes dans le sexe masculin et à 1,215 grammes dans le sexe féminin.

D'après Broca, le poids de l'encéphale devrait s'accroître jusqu'à quarante ans, rester stationnaire jusqu'à cinquante ans et décroître ensuite.

D'après Bischof et Nicolucci, il resterait stationnaire à partir de trente ans et même de vingt ans (?) chez la femme et commencerait à décroître entre cinquante et soixante ans chez la femme et entre soixante et soixante-dix ans chez l'homme.

Comme nous venons de le voir, d'après MM. Nicolucci et Bischof également, l'encéphale de l'homme pèse en moyenne 142 à 143 grammes de plus que celui de la femme. Il n'est évidemment pas rare de rencontrer des femmes dont l'encéphale pèse plus que celui de beaucoup d'hommes. Mais tandis que chez l'homme le poids de l'encéphale atteint un maximum de 1,900 grammes (1), chez la femme, du moins d'après Bischof, il ne dépasse pas 1,565 grammes ; et tandis que celui de l'encéphale de la femme peut tomber au-dessous de 900 grammes, celui de l'homme ne s'abaisse jamais à 1,000 grammes.

Il n'a encore été fait, on le conçoit sans peine, qu'un nombre insuffisant de pesées d'encéphales appartenant à des races autres que la race blanche. Cependant vingt-six encéphales de nègres et cinq de négresses ont été pesés. Leur poids moyen est de 1,222 grammes et de 1,145 grammes, c'est-à-dire que l'encéphale des nègres pèse en

______

(1) Bischof a observé un ouvrier parfaitement sain d'esprit dont l'encéphale pesait 1,925 grammes.

moyenne 120 grammes de moins que celui des blancs. La différence est bien moins grande pour les négresses, et, celles-ci par suite, comme la capacité du crâne chez les races inférieures l'a depuis longtemps prouvé, offrent vis-à-vis des nègres bien moins d'inégalité (moitié moins) que les blanches vis-à-vis des blancs.

III. — Il reste maintenant à rechercher quelles sont les influences qui font varier le poids de l'encéphale parmi les individus d'une même race et d'un même sexe, et de quelle nature est l'influence du sexe et de la race.

A l'aide des pesées de cerveaux recueillies pendant six ans dans les hôpitaux par Broca, M. Le Bon a calculé que « pour dix centimètres d'accroissement de taille le poids du cerveau ne croît guère que de 40 grammes, et qu'entre le poids moyen du groupe des cerveaux masculins des individus les plus petits et le poids moyen du cerveau des individus les plus grands, la différence atteint à peine 100 grammes ».

Des tableaux dressés par Bischof il résulte : 1° Que pour un accroissement de taille de 42 centimètres le poids du cerveau des hommes augmente de 68 grammes et plus (c'est-à-dire de plus

de 16 grammes pour 10 centimètres de taille);
2° que chez les femmes le poids du cerveau suit
très irrégulièrement l'accroissement de la taille
et n'augmente, d'ailleurs, que d'une manière
presque insignifiante; 3° que le poids de l'encéphale ne s'accroît jamais en proportion de la
taille, et qu'au contraire il diminue proportionnellement à mesure que la taille s'élève. Le poids
de l'encéphale, par centimètre de taille, est en
effet de 8,7 pour une taille de 150 centimètres,
tandis qu'il n'est que de de 7,2 pour une taille de
190 centimètres.

M. Le Bon avait déjà reconnu que le poids du
corps devait avoir une influence « notable » sur le
poids du cerveau, sans pouvoir, d'ailleurs, donner
en chiffres la mesure de cette influence.

M. Bischof montre dans un de ses tableaux
que, pour un accroissement de poids du corps de
49 kilogrammes, le poids du cerveau n'est augmenté que de 71 grammes chez l'homme, tandis
qu'il l'est de 108 grammes chez la femme. Les lois
de ce rapport sont bien les mêmes que celles du
rapport de la taille. L'encéphale de la femme
est un peu plus lourd par rapport au poids du
corps (2,20 p. 100 que celui de l'homme (2,14
p. 100). Et les individus qui pèsent beaucoup ont

relativement à la masse de leur corps moins d'encéphale que ceux dont le poids est plus faible·

Si grande que soit l'influence que l'on veuille attribuer au poids, à la taille, elle ne rend évidemment pas compte des variations considérables de poids que nous offre l'encéphale chez des individus de même âge, de même sexe et de même race. Puisque nous avons vu que cette influence à son maximum ne peut même pas faire accroître de 100 grammes le poids de l'encéphale, tandis que l'encéphale le plus lourd l'emporte sur le moins lourd de 1,204 grammes chez l'homme et de 733 grammes chez la femme.

Dès lors, il ne nous reste plus qu'à faire intervenir l'intelligence.

IV. — M. Hervé dit excellemment : « L'encéphale s'accroît, toutes choses égales, en proportion de l'activité fonctionnelle, dont il est le siège. »

C'est une loi qui s'applique à tous les organes, dans toute la série animale. Or, quelle est l'activité fonctionnelle du cerveau? L'activité intellectuelle et morale.

Il serait puéril de soulever des contestations à cet égard.

Sur vingt-neuf hommes remarquables, dont
l'encéphale a pu être mesuré, vingt-deux possédaient un encéphale d'un poids supérieur à la
moyenne de 1,362 grammes trouvée par Bischof.
Pour 6 d'entre ces 22, l'excédent, était de moins
100 grammes ; pour 12, il était compris entre 100
et 200 grammes; 4 fois il variait entre 200 et 470
grammes.

Il est à peine besoin d'ajouter que chez les animaux, si l'influence de l'intelligence est moins
sensible, parce qu'ils ne nous offrent pas, au sein
d'une même espèce, ces profondes différences intellectuelles que l'on rencontre dans l'humanité,
elle n'en est pas moins reconnue depuis un temps
immémorial.

Et qu'est-ce qu'il y a au fond, chez nous, dans
l'influence de la race sur le poids de l'encéphale?
Cette influence se laisse ramener, du moins en
grande partie, à celle de la nature (déterminée par
l'hérédité), de l'intelligence elle-même, de la variété des sentiments et de l'énergie de la volonté.
Puisque ce sont invariablement les races les
moins développées, les moins intelligentes, qui
ont les encéphales les moins pesants (1).

(1) Chez les races les plus élevées d'ailleurs, il y a des
crânes aussi petits que ceux des races inférieures. C'est seu-

Quant à la nature de l'influence du sexe, il est assez embarrassant de s'en expliquer. Ni la différence de taille, ni la différence de poids du corps ne peut rendre compte de la différence du poids et du volume de l'encéphale dans les deux sexes.

Chez nous, tandis que la taille de la femme est à celle de l'homme environ comme 92 à 100, le poids de leur encéphale est comme 89 à 100.

Le reste de la différence, pour M. Bischof comme pour tous les auteurs qui se sont occupés de la question, est dû presque entièrement aux différences d'intelligence (Différences de nature comme de degrés). Si l'on considère, en effet, la situation actuelle de la femme et combien sa vie diffère chez les peuples civilisés, de celle des hommes, loin de s'en étonner, on verra dans la différence sexuelle du poids de l'encéphale, presque une preuve que c'est l'intelligence, l'énergie

lement la proportion des crânes gros qui est plus forte. La différence entre les crânes les plus gros et les crânes les plus petits s'accroît avec les progrès de la civilisation, dans une même race, et arrive ainsi chez les races supérieures « à plus du double de ce qu'elle est chez les races inférieures ». Il en résulte « qu'il y a un grand nombre d'hommes plus rapprochés des singes anthropoïdes par le volume du cerveau qu'ils ne le sont d'autres hommes ».

morale, le développement des sentiments élevés et des notions exactes qui influe le plus sur le volume du cerveau (1).

Novembre 1881.

(1) Nous avons de nouveau examiné cette question dans un travail trop long pour trouver place ici. Nos conclusions ont été les mêmes. Les matériaux étaient cependant différents et consistaient en plusieurs centaines de pesées nouvelles faites par Broca et publiées après sa mort.

V. *Revue internationale des sciences,* n⁰ˢ du 15 septembre et du 15 octobre 1882.

VI

La catastrophe de Chio. — Une île éphémère. — L'âge de la
Méditerranée : ses révolutions. — Jonction de l'Europe et
de l'Afrique et mélange de leur faune. — Les tremblements
de terre. — « Physiographie », par M. Huxley. — La fréquence et le rôle des tremblements de terre. — Série de
tremblements ressentis dernièrement en Savoie. — Le mécanisme et les causes.

I. — Bien des catastrophes sont survenues depuis celle qui a réduit Chio à néant. Aucune ne
l'a égalée et ne l'égalera sans doute de longtemps
en grandeur et surtout en implacable puissance.
Car dans cette catastrophe c'est la nature, pour
ainsi dire tout entière, qui se dressait contre
l'homme ; c'est la terre sur laquelle il repose va-
cillant qui s'agitait. C'est ainsi que de temps en
temps nous sommes tragiquement éclairés sur

l'immensité des forces dont le débit gradué et la lente transformation est le substratum de tout ce qui existe sur le globe et dont l'éclat soudain brise sans effort tous les légers et fragiles tissus de la vie.

La Méditerranée a été, depuis que l'histoire humaine se déroule sur ses bords, le théâtre de bien des catastrophes de ce genre. Car le Vésuve et l'Etna en dépendent absolument. Et, pour ne citer qu'un des faits les plus curieux dont notre siècle a été témoin, nous rappellerons qu'un volcan sous-marin a brusquement donné naissance en 1831 à une île entre la Sicile et la côte de l'Afrique. L'amiral Smyth lui donna le nom de Graham Island. L'entassement de matières volcaniques qui la forma dut avoir une hauteur totale de plus de 240 mètres, car il s'élevait à 60 mètres au-dessus de la mer et celle-ci devait avoir une profondeur de plus de 180 mètres. Mais cette île, après être restée trois mois environ au-dessus des eaux, disparut entièrement.

L'homme qui a atteint son plus haut degré de développement et formé ses plus belles races sur son pourtour, a vu la Méditerranée bouleversée par bien d'autres changements infiniment plus grandioses, mais aussi bien moins brusques, dans le cours des âges antérieurs.

Dernièrement (1), M. Emile Blanchard, remarquant que de chaque côté de la Méditerranée la faune et la flore sont identiques, en concluait que cette mer est de formation récente, animaux et plantes n'ayant pu, en aucun temps, la traverser.

MM. A. Milne Edwards, Daubrée et Hébert lui ont opposé les plus justes objections.

D'après M. Hébert (2), tous les géologues ont constaté que la mer a occupé la dépression méditerranéenne, non seulement aux époques anciennes, jurassiques, crétacées, etc., mais aux époques plus récentes de la période tertiaire, et même pendant la période quaternaire. *Une émersion a pu avoir lieu à la fin de la période miocène* (tertiaire moyen). A un certain moment de cette période, la Méditerranée, beaucoup plus étendue qu'elle ne l'est aujourd'hui, déposait d'épaisses assises d'un calcaire sableux (molasse), où se conservaient de nombreux débris des animaux qui l'habitaient. Sur tout son pourtour, la faune était

(1) Comptes rendus de l'Académie des sciences, du 19 décembre 1881.

(2) Comptes rendus de l'Académie des sciences du 26 décembre.

la même et la présence de gros échinodermes, notamment de clypéastres (espèce d'oursins), que l'on trouve identiques à de grandes distances, dans le midi de la France, à Nice, en Corse, en Italie, à Malte, comme en Égypte, en Hongrie, etc., indique qu'alors, tout en s'étendant beaucoup plus qu'à l'époque actuelle, elle avait déjà une forme analogue et des caractères zoologiques spéciaux.

La mer Méditerranée quaternaire a recouvert de ses sédiments une grande partie du terrain pliocène (tertiaire supérieur) de son pourtour. Jusqu'à ce moment son fond ne présentait pas les grandes inégalités qu'on lui connaît aujourd'hui. Ces inégalités, toujours d'après M. Hébert, sont postérieures au commencement de la période quaternaire.

Personne, il nous semble, n'a rappelé, à propos des faits invoqués par M. E. Blanchard et pour les expliquer, que depuis déjà fort longtemps on s'est convaincu que l'Afrique était reliée à l'Europe méridionale par une bande de terre, dont la Sicile n'est qu'un reste, précisément dans la première partie de la période quaternaire. A ce moment, en effet, on voit des animaux adaptés aux climats chauds se mêler jusqu'au centre de l'Europe aux animaux de pays froids. Et ensuite nous voyons le lion, par exemple, survivre longtemps en Grèce et des éléphants survivre à Malte en se rapetissant en quelque sorte avec l'étendue de leur habitat transformé en île. Que dans le cours de la période quaternaire ces relations de l'Europe et de l'Afrique aient été rompues par l'affaissement de portions de terre ferme, cela s'accorde encore parfaitement avec l'opinion de M. Hébert sur l'époque des dislocations qui ont brisé l'égalité du fond de la Méditerranée.

L'homme, nous le répétons, a été témoin de ces grands changements. On a même retrouvé de ses traces dans des parties de la Sicile qui ont été quelque temps recouvertes par la mer.

Encore une fois nous sommes surpris qu'on n'ait point rappelé ces faits à l'Académie.

II. — Rien ne nous indique que les changements qui ont ainsi eu lieu dans le bassin de la Méditerranée, se soient accomplis par brusques secousses. Il est au contraire probable qu'ils sont résultés de lents affaissements, comme il s'en produit incessamment partout, alternant avec des exhaussements lents.

Le rôle des brusques secousses n'en est pas moins considérable dans l'histoire du globe.

M. Lamy vient de faire paraître ces jours-ci une traduction d'un ouvrage de M. Huxley sur la *Physiographie* comme *introduction à l'étude de la nature* (1). L'illustre savant anglais, dans cet ouvrage, écartant le nom de *géographie physique* sous lequel on enseigne quelques notions générales et abstraites laissant peu de choses dans l'esprit des jeunes gens, expose avec une admirable clarté et un intérêt des plus attachants, tous les phénomènes naturels dont nous pouvons être journellement les témoins, de manière à mettre *tout le monde* à même d'observer intelligemment et de suivre avec plaisir le spectacle que nous offre partout la nature physique. Dans le chapitre qu'il consacre aux tremblements de terre et aux volcans, nous trouverions à relever bien des renseignements sur le sujet qui vient de nous occuper.

En 1835, un violent tremblement de terre qui détruisit plusieurs villes le long de la côte du Chili souleva le sol de 1^{m}20 à 1^{m}50. La plus grande partie de l'Amérique du Sud s'est exhaussée, croit-on, de plusieurs centaines de mètres à la

____

(1) Un vol. gr. in-8° de 415 pages, avec 128 figures dans le texte et deux planches hors texte. — Paris, Germer-Baillière. — 1882.

suite d'une série de soulèvements de ce genre, médiocres, mais répétés. Charles Lyell a calculé qu'un tremblement de terre qui se produisit au Chili en 1822 accrut le continent de l'Amérique du Sud d'une masse rocheuse. dont le poids dépasse celui de cent mille des grandes pyramides de l'Égypte.

Ces secousses peuvent se transmettre à travers la terre à une distance énorme ; le grand tremblement de terre qui détruisit Lisbonne en 1755 se fit ressentir jusque sur les eaux du Loch-Lomond en Écosse.

On calcule qu'il s'en produit en moyenne au moins trois fois par semaine sur l'étendue totale de la terre.

Comme exemple des relevés qui ont été faits des tremblements de terre nous citerons celui que vient de présenter M. Soret sur ceux qui ont dernièrement été ressentis en Savoie (1).

Il n'énumère pas moins de six séries de secousses dans l'espace de moins de huit mois, du 30 décembre 1879 au 22 juillet 1881. A cette dernière date, le tremblement de terre s'est étendu aux départements français de la Drôme, de l'Isère,

(1) Compte rendu de l'Académie des sciences, du 26 décembre 1881.

de la Savoie, de la Haute-Savoie, du Rhône, du Jura, etc., aux cantons suisses de Genève, Vaud, Bâle, Valais, etc., à tout le Piémont jusqu'à Savone.

Pendant le mois de novembre 1881, on n'a pas compté en Suisse moins de vingt-neuf secousses séparées, se répartissant sur dix-sept jours. Plusieurs de ces secousses ont été ressenties jusqu'en Hollande.

Quel est le mécanisme et quelles sont les causes des tremblements de terre? On ne peut émettre à ce sujet que des hypothèses. Mais on a quelques observations sur leur point de départ, et la distance en profondeur de ce point de départ, qui pourraient, avec ce que nous savons sur les volcans, nous mettre sur la voie de quelque théorie plausible. Il nous sera permis de revenir sur cette intéressante question sans attendre qu'elle redevienne d'une cruelle actualité.

20 janvier 1882.

5.

VII

Des vers de terre, de leur organisation, de leurs mœurs, de
leur rôle, par Ch. Darwin.

A propos d'un ouvrage de Darwin, paru à Londres à la fin de l'année dernière, ouvrage empreint de la haute originalité de cet éminent esprit qui a su renouveler et féconder tant de questions, certaines notes sur le rôle des vers de terre ont été reproduites un peu partout avec des commentaires exagérés. Quelques explications sur ce sujet ne seraient peut-être pas de trop. Nous les donnerons d'après une traduction récente de M. H. Gravez.

Les vers de terre ou lombrics appartiennent à la classe la plus élevée des vers. Leur corps est composé de 100 à 208 anneaux ou segments à peu près cylindriques. Ils sont à moitié aquatiques, comme tout le monde sait. M. Perrier a gardé vivants pendant plus de quatre mois plusieurs grands vers complètement submergés dans l'eau. Aussi en été ils s'enfoncent le plus profondément possible dans le sol pour éviter la sécheresse qui les tue.

Ils sont répandus à peu près sur tout le globe et même dans de petites îles isolées, ce qui paraît inexplicable, l'eau de mer les tuant rapidement. Ils rampent en arrière comme en avant. Leurs habitudes sont nocturnes. Mais, en général, ils restent la queue fixée dans leur trou et adhèrent si fortement au sol à l'aide de soies courtes et légèrement fléchies dont ils sont couverts, qu'il est à peu près impossible de les en arracher sans les briser. Grâce à leur queue ils peuvent d'ailleurs se retirer très rapidement dans leur trou. En avant de leur bouche se trouve une petite projection qui sert à la préhension. De chaque côté de leur œsophage, estomac ou jabot, se trouvent trois paires de grosses glandes qui sécrètent une quantité surprenante de carbonate de chaux. Les quatre glandes postérieures contiennent généralement plusieurs petites ou une grosse concrétion calcaïre allant jusqu'à un millimètre et demi de diamètre. On trouve souvent de ces concrétions dans leur gésier, leurs intestins ou leurs déjcctions. Elles ont pour but de débarrasser les vers de l'excès de carbonate de chaux, accumulé (dans la proportion de 72 pour cent quelquefois) dans les feuilles tombées dont ils se nourrissent, et de neutraliser les acides développés dans leurs intestins par ces mêmes feuilles en décomposition.

La trituration de la nourriture se fait dans leur gésier. Ils respirent par la peau. Les deux sexes sont réunis en chaque individu, mais ils s'accouplent.

Ils sont dépourvus d'yeux. Mais l'extrémité antérieure de leur corps est affectée par l'intensité et la durée de la lumière. Cependant ils semblent se retirer dans leur trou, dans le jour, purement par habitude, car ils le font même lorsqu'ils sont protégés contre la lumière.

Ils sont sensibles aux basses températures qu'ils fuient. Le tact est le sens le plus développé chez eux, et son siège est sur toute la surface de leur corps. Insensibles en général aux odeurs, ils savent cependant toujours découvrir les feuilles de choux ou d'oignons qu'ils dévorent avec délices. Ils choisissent, en outre, très bien les feuilles qu'ils préfèrent. On peut donc leur supposer du goût.

Ils n'ont pas d'ouïe, mais deux vers dans un pot placés sur un piano, quoique insensibles aux sons, rentraient instantanément dans leurs trous au bruit de certaines notes.

M. Charlton Bastian, dans son important ouvrage sur le *Cerveau organe de la pensée* (1), dit dans son chapitre sur le système nerveux des invertébrés : « Les ganglions (réseau de fibres et de cellules nerveuses) qui représentent ensemble le cerveau du ver de terre, reçoivent de chaque côté un tronc nerveux composé de fibres venant de la lèvre supérieure tactile ; et, comme l'on ne connaît pas de filaments sensitifs d'un ordre différent en connexion immédiate avec lui, les fonctions du cerveau doivent être relativement simples chez cet animal. La lèvre est regardée comme un organe (projection en avant dont nous avons parlé) de tact ; mais il est également probable qu'elle est capable de recevoir des impressions plus spéciales représentant un sens rudimentaire du goût. La séparation entre ces deux modes de

(1) Deux volumes in-8° de la *Bibliothèque scientifique internationale*, Paris, 1882.

sensibilité, chez des organismes aussi peu élevés, n'est probablement pas très définie. »

M. Bastian a, croyons-nous raison. L'existence chez les vers de sens distincts de l'ouïe, de l'odorat, du goût reste encore douteuse. Quant à celui de la vue, Darwin reconnaît lui-même que la lumière les impressionne en traversant la peau et en agissant directement sur les ganglions cérébraux.

Il y a évidemment, dans ces conditions, fort peu à dire des « qualités mentales » des vers. Nous ne trouvons comme digne de mention, que l'instinct qui les pousse à fermer l'orifice de leurs trous.

Darwin a fait le relevé des menus objets dont ils se servent pour cela. Ce sont surtout des feuilles de différentes espèces, puis des pétioles, puis des fragments de papier. A défaut de feuilles, de pétioles, etc., ils se servent aussi de petits tas de pierres qu'ils tirent par succion. « On peut supposer que ce bouchage a pour but d'empêcher l'irruption de l'eau dans les trous, de dérober ceux-ci à la vue des scolopendres, de permettre aux vers de tenir impunément la tête au niveau du sol et enfin de s'opposer à l'entrée de la couche d'air inférieure, refroidie par la radiation de la nuit. »

Il n'y a pas là nécessairement un acte intellectuel ; c'est une habitude, et elle peut avoir été
acquise par la conservation et la transmission des
variations progressives de quelque autre habitude
beaucoup plus rudimentaire. Cependant, dit Darwin, « si les vers essayent de tirer les objets dans
leurs trous, d'une façon d'abord et puis d'une
autre, jusqu'à ce qu'enfin ils réussissent, ils pro-
fitent, au moins dans chaque cas particulier, de
l'expérience.

» D'autre part, j'ai acquis la conviction qu'habituellement les vers n'essayent pas de tirer les
objets de beaucoup de façons différentes, ce qui
semble indiquer qu'avant de se mettre à l'œuvre,
ils doivent acquérir quelque notion de la forme
générale de l'objet, probablement en le touchant
en beaucoup d'endroits avec l'extrémité antérieure de leur corps. S'il en est ainsi, s'ils possèdent la faculté, si rudimentaire qu'elle soit, d'acquérir quelque notion de la forme générale d'un
objet, et de celle de leur trou, ils méritent d'être
appelés intelligents. »

Voilà qui surprendra. Mais se douterait-on au
premier abord, que ces pauvres vers sans apparence d'organes, sur lesquels nous marchons jour-

nellement sans aucun égard, se prêtassent à tant d'observations intéressantes !

On les croit, en général, inoffensifs. Les jardiniers ne les détruisent pas ; ils les savent, pourtant, capables d'arracher, pour les entraîner, de jeunes plans d'oignons. Et, en réalité, les vers sont omnivores.

Les feuilles dont ils veulent se nourrir sont tirées dans leurs trous à une profondeur d'un à trois pouces et sont humectées par un fluide sécrété qui les tue et les décolore et, agissant comme le suc pancréatique, les digère en partie avant l'introduction dans l'estomac. Mais, conformément à l'opinion vulgaire, c'est la terre, l'humus, qui forme peut-être leur principale nourriture. L'humus contient, en effet, beaucoup de débris organiques ; pour assimiler ces débris ils avalent l'humus lui-même en grande quantité. C'est par ce mode de nutrition qu'ils jouent, obscurément, sur notre globe, un rôle relativement important.

Leurs trous se terminent souvent par une petite excavation tapissée de petites pierres, où ils se tiennent roulés en hiver. Ils creusent ces trous en avalant la terre. Pour vider leur corps, ils gagnent la surface. Et la terre est rejetée par saccades ou par un mouvement péristaltique lent, avec les sécrétions intestinales qui la rendent visqueuse.

Aussitôt qu'un petit tas est formé, les vers évitent, apparemment dans l'intérêt de leur sûreté, de projeter leur queue en dehors, et la matière terreuse est poussée au travers de la masse molle déjà déposée. Ce qu'ils rapportent ainsi de terre fine à la surface est notable, car ils sont eux-mêmes en nombre considérable.

Hensen a calculé que, dans un espace mesuré, il devait exister 133,000 vers vivants par hectare. Le docteur King a trouvé près de Nice que les déjections en forme de tour, produites par eux en un an sur un acre, pesèrent 1,458 tonnes. D'après une expérience faite en 1871, Darwin a calculé qu'ils rejetaient sur un acre en un an plus de 16 tonnes de terre sèche. « Leur action, dit-il, est assez puissante pour transformer absolument l'aspect des champs les plus arides. Les pierres, même d'un volume considérable, s'enfoncent peu à peu dans le sol, grâce à l'affaissement des trous pratiqués au-dessous d'elles et à l'exhaussement produit par les déjections accumulées à leurs côtés.

Une série d'observations curieuses, dans le détail minutieux desquelles nous ne pouvons entrer, l'a convaincu que les vers ont joué un rôle considérable dans le recouvrement et la disparition des anciennes constructiens romaines ou autres en Angleterre. Les archéologues leur doivent beaucoup.

Si, d'autre part, l'on considère que sur chaque acre de terre suffisamment humide, un poids de plus de dix tonnes de terre (10,516 kilog.) passe annuellement par leur corps et est apporté à la surface, on ne peut douter qu'ils aient joué un rôle également considérable dans la géologie même.

Darwin pense qu'ils aident indirectement à la décomposition chimique des roches et qu'ils réduisent même directement en poudre les petites particules, travaillant ainsi incessamment à accroître la quantité de terre végétale.

« Quand nous jetons les yeux sur un long espace couvert de gazon, nous devons nous rappeler que toutes ses inégalités ont été lentement nivelées par les vers. Toute la terre superficielle qui le recouvre a passé et passera de nouveau, dans le cours de peu d'années, par le corps des vers. La charrue est une des plus anciennes et des plus précieuses inventions de l'homme ; mais longtemps avant qu'elle existât, la terre, en fait, était régulièrement labourée comme elle l'est encore par les vers. On peut douter qu'il y ait beaucoup d'autres animaux qui aient joué dans l'histoire du monde, un rôle aussi important que ces êtres. Il en est cependant d'organisation plus basse encore qui ont accompli un travail beaucoup plus remarquable en construisant des récifs et des îles innombrables dans les mers des tropiques. »

3 février 1882.

VIII

I. — Le grisou : son origine, sa composition ; moyens d'en prévenir l'explosion. — La chimie industrielle. — II. — Le Celluloïde : sa composition, sa fabrication, son usage.

I. — Il ne se passe pas de mois que l'on n'ait encore à enregistrer quelque catastrophe, résultant de l'explosion du grisou dans les mines de houille. On pourrait vraiment s'en étonner en n'ayant égard qu'à la puissance des moyens dont peut aujourd'hui disposer l'industrie inspirée par la science. Mais l'homme ne croit plus à un danger qu'il a pu longtemps braver. Il se familiarise avec lui, et bientôt il s'en joue. Il finit par le défler en rejetant toute précaution. Et c'est ainsi, les trois quarts du temps, qu'il se découvre lui-même par ses imprudences et qu'il se trouve périodiquement frappé.

Les compagnies négligent les prescriptions nécessaires par imprévoyance ou par économie, la vie des hommes qu'elles emploient leur coûtant moins cher, sans que ce calcul puisse s'avouer, que l'installation de puissantes machines de ventilation. D'autre part, les ouvriers dans leur ignorance des conditions dans lesquelles les explosions doivent fatalement se produire et de la nature de ces explosions, passent trop souvent outre aux recommandations qui leur sont faites, et les provoquent d'une main inconsciente.

Il arrive aussi que le danger se présente avec une rapidité qui ne permet pas de le prévoir et que même, dans certains cas donnés et dans certaines mines, il déjoue toutes les mesures de précaution.

Le grisou est un mélange gazeux d'hydrogène carboné, d'acide carbonique, d'oxygène, d'azote, etc. Mais il est constitué essentiellement par l'hydrogène protocarboné ou gaz des marais. On sait que ce gaz se dégage quelquefois de la surface du sol et brûle lentement à l'air, formant des feux follets. Il se trouve enfermé, sous de fortes pressions, dans les pores de la houille, soit à l'état gazeux, soit, comme le croient quelques-uns, à l'état d'association dans quelque composé liquide ou solide instable. Par suite du travail d'extraction, la pression diminuant le long de la surface de taille, il se dégage, en entraînant des particules de houille, de façon à imiter le bruissement de l'eau qui va bouillir, et, plus léger que l'air, va garnir les anfractuosités et le plafond des galeries souterraines.

Là, dès qu'il se trouve en proportions voulues avec l'oxygène de l'air et qu'il vient en contact avec une flamme, il brûle ou éclate. Un volume de grisou avec deux volumes d'oxygène produit deux volumes de vapeur d'eau qui se condensent et un volume d'acide carbonique. Lorsqu'il arrive à être dans l'air dans la proportion de 6 0/0, la flamme d'une lampe, par exemple, ne l'allume pas ; mais, elle-même, gênée par lui dans sa combustion, devient fuligineuse et très longue. Lorsqu'il est dans la proportion de 7 à 8 0/0, elle l'allume et il brûle très lentement. Lorsque cette proportion s'élève, il brûle instantanément, il y a explosion ; et c'est lorsque cette proportion atteint 12 et 14 0/0 que l'explosion est la plus violente. Au delà, la quantité d'oxygène de l'air est insuffisante, même pour la combustion; l'air est asphyxiant et éteint les lampes.

Le moyen le plus rationnel de combattre le danger du grisou consiste donc à renouveler l'air des galeries avec une rapidité en rapport avec le dégagement de ce gaz et la production d'acide carbonique par les lampes, les ouvriers et les chevaux qui sont dans la mine.

Autrefois des ouvriers expérimentés inspectaient les galeries en promenant une chandelle et, cherchant à se rendre compte de la proportion du grisou d'après les mouvements de la flamme de celle-ci, tâchaient de provoquer sa combustion avant qu'il fût en quantité explosible. Aujourd'hui on emploie partout des ventilateurs de différents systèmes, et l'on se sert pour l'éclairage, de lampes dérivant toutes du principe de la lampe de Davy, dont la flamme est entourée d'une toile métallique assez serrée qui, en refroidissant les gaz qui la traversent, empêche la propagation de l'inflammation du mélange détonant qui peut se produire à la flamme.

Pourquoi ainsi toute explosion de grisou n'est-elle pas encore infailliblement prévenue?

Il faut reconnaître que la bonne aération d'une mine ne peut se faire que dans des conditions assez complexes. La commission, instituée l'année dernière par une loi, pour étudier la question du grisou, n'est pas, nous semble-t-il, arrivée à les déterminer toutes. Puisque d'ailleurs elles peuvent varier dans la même mine.

D'autre part, comme nous l'avons dit au début, on se relâche trop souvent des règlements reconnus les plus nécessaires. C'est à ce point que, par exemple, des ouvriers décoiffent leur lampe obscurcie par son tamis, pour voir plus clair ou simplement pour allumer leur pipe.

Afin de parer à de telles imprudences, on a dû inventer des systèmes de fermeture compliquée pour lasser ou dérouter les ouvriers, et même souder complètement les lampes une fois allumées. On obtiendrait, croyons-nous, des garanties encore plus sûres en prenant plus de soin de la culture intellectuelle des mineurs.

Ces réserves faites toutefois on pourrait encore s'étonner que des prescriptions essentielles dont l'efficacité a été reconnue, soient encore périodiquement çà et là enfreintes impunément par les compagnies d'exploitation.

II. — Nous ne saurions même seulement songer ici à délimiter l'objet de la chimie industrielle. Elle est à la base de tout, tournant et retournant incessamment la matière pour lui découvrir de nouvelles propriétés. Et elle récompense journellement ceux qui la cultivent, de la façon la plus palpable.

Ses produits amendent les produits naturels, les falsifient, les remplacent, les transforment. Une de ses plus curieuses découvertes est celle de la série des couleurs tirées de la houille qui a, par exemple, ruiné, presque d'un seul coup, certaines cultures. Elle est arrivée à composer de toutes pièces des matières pour l'alimentation, et des corps aussi complexes, des parfums aussi délicats et aussi coûteux que la vanille. Elle pourrait ôter bien de leur valeur à certaines pierres précieuses en en mettant à volonté de toutes semblables dans le commerce.

Une des substances les plus singulières qu'on lui doive depuis peu est le *celluloïde*. Elle est bien connue du public comme servant à la fabrication de certains objets de toilette : peignes, bracelets, etc., dont la coloration, variée à volonté, imite le plus souvent celle du corail. Mais on lui a trouvé depuis peu des applications nouvelles assez inattendues.

Disons d'abord un mot de sa fabrication qui est

des plus singulières. Elle se compose de cellulose préparée en papier très mince semblable à celui des cigarettes, et de camphre. Le papier de cellulose, mouillé, est immergé dans un mélange d'acide sulfurique et d'acide azotique à 40 degrés pendant quelques minutes, et il se transforme ainsi en pyroxyline, substance semblable à celle du coton-poudre.

Après quelques manipulations destinées à enlever l'excès d'acide, à la réduire en pâte, à la blanchir, etc., on la mêle au camphre préalablement laminé, en la faisant passer avec lui entre des meules de métal. On met ensuite le mélange sous presse à plusieurs reprises entre des feuilles de papier buvard, jusqu'à ce qu'il ait la consistance d'un fort carton, puis on le brise en morceaux et on l'immerge pendant douze heures dans un bain de 20 à 40 0/0 d'alcool contenant en dissolution la matière colorante voulue. Le celluloïde est alors enfin obtenu. On n'a plus qu'à le passer entre le cylindre d'un laminoir, à la température de 80 degrés pour avoir les feuilles homogènes avec lesquelles on fabrique les objets que l'on veut dans des moules, sous pression et à la température de 80 à 90 degrés, qui les rend malléables. Le grand inconvénient du celluloïde est qu'à 130 degrés il se décompose et qu'il brûle facilement au contact d'une flamme.

Cet inconvénient même est tel qu'on pourrait se demander comment ses inventeurs ont pu poursuivre la fabrication d'un composé aussi complexe et même aussi bizarre avec des chances aussi douteuses de profit, si ces inventeurs n'étaient Américains.

Cependant, le celluloïde se travaille si facilement, il prend si facilement toutes les formes qu'on veut lui donner, on peut le colorer si diversement et de façons si agréables, qu'on a passé outre sur cet inconvénient. On s'en est donc servi depuis à recouvrir le bois ou le métal, on l'a substitué à la corne dans certains objets dont toutes les déformations seraient préjudiciables, tels que les rapporteurs pour les topographes.

Mais l'usage le plus ingénieux que l'on en ait fait consiste dans les clichés d'imprimerie. Il remplace en effet très avantageusement l'alliage dont on se sert encore pour les clichés. Il est plus fin, plus résistant et moins coûteux. Il s'est déjà introduit à ce titre dans plusieurs imprimeries. Il remplace aussi les pierres lithographiques. On ne peut s'étonner, à ce titre, que l'usine établie à

Stains pour sa fabrication en livre annuellement pour plus de 72,000 kilogrammes, et que d'Amérique son usage soit sur le point de se répandre et de se vulgariser un peu partout en Europe.

10 février 1882.

IX

De la transfusion du sang.

On est très peu familiarisé avec ce moyen thérapeutique.

Un voile de mystère tragique l'entoure. Et il a donné lieu à de véritables légendes pour la plupart moins vraisemblables que celle bien fameuse de ce jeune homme qui est venu offrir à Mirabeau mourant la vie et la régénération même avec son sang pur. C'est que les expériences décisives sont difficiles à acquérir à son égard, puisqu'il n'est applicable que dans des conditions presque exceptionnelles, et que son efficacité réelle pouvait aisément prêter aux plus décevantes illusions.

On a cru qu'on pouvait avec lui non seulement arracher le malade à la mort, mais encore renouveler sa vie. Et il est bien vrai qu'avant de transfuser du sang, il faut bien s'assurer que celui dont on dispose n'a pas été modifié par certaines maladies comme la syphilis.

On a cru aussi qu'on pouvait injecter à l'homme du sang d'animaux tel que le mouton. Et il était difficile de prévoir qu'on accomplissait ainsi une sorte d'empoisonnement.

On n'a donc jamais complètement admis cette pratique, pratique présentant trop d'éléments inquiétants d'incertitude.

On pouvait cependant voir quelques médecins de nos hôpitaux y recourir dans des cas graves où la santé de l'individu n'était atteinte que par des pertes de sang trop grandes, comme par ces hémorragies abondantes au point d'être mortelles qui suivent quelquefois les accouchements. Ils ne transfusaient en dernier lieu que du sang frais et complet à l'aide de précautions minutieuses destinées à en entraver l'altération par le contact de l'air. Cependant on ne savait pas au juste si ce sang seul agissait favorablement et quel était le mécanisme de son action, une fois transfusé.

Il fallait, pour arriver à cette connaissance,

après avoir pénétré tous les secrets de la vie du sang et de ses éléments et mesuré les différences que ceux-ci présentent chez les individus de même espèce et chez les espèces différentes, procéder à des expériences méthodiques. M. .le professeur Hayem a rempli ce programme dans son cours de thérapeutique expérimentale de la faculté de médecine, dont il a publié des parties dans divers recueils spéciaux et qu'il vient de réunir en volume.

Nous ne nous occuperons avec lui que de la question de savoir si la transfusion est utile dans les cas d'anémie aiguë, lorsqu'il y a mort imminente et quel est le meilleur mode de transfusion.

Elle n'est pas aussi facile à résoudre qu'on pourrait le croire. Les animaux et l'homme peuvent, en effet, à la suite d'hémorragies, tomber en syncope et rester longtemps en état de mort apparente sans périr. Il leur reste encore assez de sang pour donner naissance à de nouveaux globules qui en rétablissant l'équilibre ramèneront la santé. Comment savoir d'avance que tel animal chez lequel on fait une tranfusion ne serait pas revenu de lui-même à la vie ? Il faut pour cela s'assurer des symptômes qui annoncent infailliblement sa mort prochaine. Or tous les symptômes de mort peuvent se produire sans que la mort soit inévitable, tous, sauf les grandes convulsions. Lorsque celles-ci apparaissent même dans le cours de la saignée, le dénouement est fatal, arrêterait-on l'hémorragie.

Pour éprouver l'efficacité de la transfusion il faut donc l'opérer après l'apparition des grandes convulsions.

Voici, par exemple, comment M. Hayem a procédé dans une première expérience : « Saignée d'un chien de 8 kilogr. 400. » Les grandes convulsions apparaissent lorsque le sang extrait s'élève à 405 grammes, soit à 1/20° environ du poids du corps. Raideur des quatre pattes, renversement de la tête en arrière, suspension de la respiration, et seulement un grand effort respiratoire trois ou quatre fois dans la minute qui précède la transfusion. Pupilles tout à fait dilatées. Alors injection par la veine fémorale de sang emprunté à la veine fémorale d'un autre chien. Pendant les premiers coups de pompe les convulsions se renouvellent. Pendant les derniers (17 en tout, pour 170 grammes de sang injecté), convulsion des yeux, état de flexion avec raideur légère des pattes antérieures. Cet état cesse trois ou quatre minutes après l'opération ; le chien se remet sur

ses pattes, traîne un peu les membres postérieurs.
Au bout de vingt minutes il est bien rétabli, tout
en étant fatigué. Au bout de trente-cinq à quarante minutes, ses membres sont encore un peu
raides, sa respiration précipitée. Le lendemain il
mange un peu de viande et paraît vif et gai. Il est
mort.à la suite d'un accident le cinquième jour,
mais cet accident est dû uniquement à ce qu'il
s'est battu avec un autre chien.

Dans une seconde expérience, M. Hayem a injecté du sang artériel à la place du sang veineux.
Le résultat a également été heureux et le chien a
survécu. Mais si l'on injecte du sang défibriné on
n'obtient qu'une résurrection provisoire, et l'animal périt au bout d'un certain nombre d'heures
(24 dans un cas, 10 dans l'autre).

On avait pourtant cru jusqu'ici à l'efficacité du
sang défibriné. Et, en effet, il a paru dans bien
des cas suffire à ranimer l'animal définitivement.

M. Hayem se croit en droit de conclure de ses
expériences que dans ces cas on n'avait pas enlevé assez de sang à l'animal pour que la mort fût
fatale.

Dans les autopsies qu'il a faites d'animaux
morts après l'injection de sang défibriné, il a
constaté que le sang qui distendait les vaisseaux

était profondément altéré, en voie de dissolution ; un grand nombre de globules était détruit et l'hémoglobine mise ainsi en liberté formait des cristaux abondants. Cependant les globules étaient encore assez nombreux, et ils n'avaient pas perdu leurs propriétés physiologiques. M. Hayem pense donc que la destruction globulaire s'effectuant plus rapidement que lorsque le sang injecté est complet, donne lieu à des phénomènes analogues à ceux que détermine le sang dissous ou laqué : arrêt de cristaux d'hémoglobine dans les capillaires, tendance à la formation de petits caillots.

Comment, d'ailleurs, le sang complet lui-même agit-il ?

On a pu affirmer qu'il n'agissait que mécaniquement en rendant possible la circulation du peu de sang qui restait dans les vaisseaux presque vidés. Cela n'est point tout à fait exact.

Diverses expériences ont montré qu'on fait revenir les animaux menacés de mort en pratiquant une transfusion avec tout liquide remplissant les vaisseaux sans détruire les globules. Avec du sérum artificiel on obtient une survie temporaire comme avec le sang défibriné. Avec le sérum naturel, on obtient souvent une survie définitive. Mais cela n'a toujours lieu que lorsque la transfusion est faite avant l'apparition des *grandes con-vulsions* Que certaines hémorragies soient mor-telles alors que l'organisme contient encore assez de sang pour en entretenir le jeu, cela ne peut faire l'objet d'un doute ! Et alors le liquide injecté, comme le sérum naturel, est réellement efficace et ramène la vie en agissant mécaniquement, en diluant le sang restant de l'animal menacé de mort.

Mais lorsqu'il ne reste probablement plus assez de sang pour l'entretien de la vie, dans les cas de mort véritablement imminente par anémie abso-lue, seul le sang complet peut amener à coup sûr un rétablissement durable, définitif de l'animal. Et alors on ne peut pas dire qu'il n'y a qu'une action mécanique; le sang complet étant seul effi-cace ne peut évidemment avoir pour unique fonc-tion de diluer le sang restant et d'en rendre la cir-culation possible.

Cependant sa fonction n'est pas de remplacer le sang manquant; il n'y a jamais substitution com-plète, véritable greffe sanguine. Les globules san-guins sont en effet, comme nous l'avons vu, voués à une mort prématurée, rien que par le seul fait de passer par un instrument non seulement d'un organisme à un autre de même espèce, mais même d'une partie à une autre d'un même individu. Ils n'agissent donc qu'en donnant le temps au sang de l'individu auquel on les injecte d'en reconstituer d'autres pour les remplacer, en activant ses fonctions.

Après cela, il est à peine besoin de dire que nous avons eu raison de qualifier de légendes toutes les histoires de régénération définitive du sang par la transfusion. Le sang de l'individu se reconstitue, mais ne se remplace pas définitivement.

D'individu à individu, la constitution anatomique du sang présente des différences très appréciables. Ces différences pourraient même peut-être, d'après M. Hayem, « fournir à l'histoire naturelle comparée des races humaines de précieux renseignements ».

Entre les espèces éloignées, ces différences sont telles que l'hémoglobine du sang d'animaux agit dans le sang de l'homme à la façon d'un corps étranger. Elle tend à s'éliminer et, impropre à la reconstitution d'éléments nouveaux, elle peut être l'origine d'altérations viscérales.

24 février 1882.

X

Récent voyage dans l'Asie centrale, par M. de Ujfalvy. — Les Dardous, les Parsis, les Kachmiris, la polyandrie des Koulous.

Il y a déjà quelque temps que M. de Ujfalvy a fait en partie connaître, dans de courtes notices ou des conférences, ce qu'il a réuni d'observations curieuses au cours de son récent voyage en Asie centrale. Mais il n'a point encore donné sur elles un travail d'ensemble suffisamment préparé, et la collection dont il a fait don au ministère de l'instruction publique n'est point encore classée. On a pu cependant voir cette collection à la Société de géographie, et des notes qu'il a publiées ces jours derniers, il y a dès maintenant à tirer des remarques intéressantes.

Son but était d'étudier et de faire connaître le

type des habitants du Kachmir, du Baltistan, du Dardistan, du Yaghistan, du Tchitral et du Kafiristan. Il poussa donc aussi loin qu'il put dans l'Himalaya occidental. Les peuples les plus intéressants qu'il ait visités sont les Koulous, les Baltis, les Dardis, les Kachmiris, etc.

Au point de vue ethnologique, nous trouvons à signaler deux faits dans ses observations : d'abord les Baltis et les Dardous sont de race aryenne On a contesté son assertion à cet égard ; mais on n'a produit contre elle qu'une argumentation aussi embrouillée que peu solide, tandis que M. Ujfalvy l'appuie de faits précis. « Un peintre américain qui voyageait avec moi dans le Baltistan, dit-il, a pris des types baltis, dardous et ladakis, à la chambre claire, qui démontrent également la grande différence qui existe entre les Baltis-Dardous d'un côté et les Ladakis de l'autre. » Or, ces derniers sont des Mongols thibétains.

Au physique, les Baltis ne sont donc nullement les Thibétains de race mongolique qu'on avait crus. M. de Ulfavy en a mesuré plus de 100. Ils sont souvent d'une taille au-dessus de la moyenne. Le front est haut, les yeux droits, les pommettes effacées, le nez droit et long, d'une belle forme. La figure est allongée, la barbe fournie, les cheveux longs et bouclés, la peau velue, le corps assez vigoureux. Les cheveux sont châtains et très rarement blonds. Le second fait est relatif aux Parsis. Sur la foi de M. Topinard, on croyait que ce peuple, célèbre par sa fidélité à son antique culte du feu, était du même type céphalique que les Aryens, bien qu'appartenant par son origine, son habitat primitif, son histoire, par tout le reste enfin, à la branche éranienne, Galtchas de l'Asie centrale, Persans, etc., c'est-à-dire qu'on le croyait à tête relativement très longue, très dolichocéphale.

Or, M. de Ujfalvy a pu mesurer 22 Parsis à Bombay. « Ils sont, je pense, dit-il, la seule peuplade non dolichocéphale des Indes. » Ils sont du même type (brachycéphale) que les autres Éraniens avec un indice céphalique de 82 (diamètre de largeur du crâne par rapport à la longueur égale à 100).

Le Kachmiri aryen est dolichocéphale avec un indice de 72,52. D'une taille plutôt au-dessous de la moyenne, il est fortement charpenté, sa tête est grosse, ses yeux vifs, son nez long et droit, sa physionomie intelligente ; sa barbe est bien plantée, son cou fort, ses mains et ses pieds grands. Il est au total d'un beau type.

Les femmes sont grandes et bien faites, elles sont moins gracieuses que les Indiennes des plaines mais plus blanches, elles ont l'aspect européen ; on en rencontre parfois de fort jolies. Elles sont depuis deux siècles bien européanisées, car on n'a plus besoin, comme au temps du voyageur Bernier, d'offrir des sucreries à leurs enfants pour les faire sortir de chez elles et les voir.

Parmi les renseignements ethnographiques rapportés par M. de Ujfalvy, nous mentionnerons surtout ceux qui concernent la polyandrie du Thibet et en particulier des Koulous, Hindous montagnards. Ils ne sont pas tous également nouveaux, mais instructifs.

Les femmes kouloues ont de quatre à six maris, généralement, disent les uns, toujours, disent les autres, des frères. Les mariages ont d'ailleurs la forme de ventes. Lorsque, par exemple, des parents vendent leur fille à six frères, le premier mois elle appartient au frère aîné ; le second, au frère cadet, etc. Le premier enfant est réputé avoir pour père le frère aîné.

M. de Ujfalvy ne pense pas que la pauvreté du pays soit la cause de la polyandrie envisagée comme un moyen de limiter l'accroissement de la population. C'est cependant, selon lui, par l'in-

fanticide que les Koulous se débarrassent des petites filles qui sont nécessairement en trop (le
nombre des naissances féminines et celui des
naissances masculines étant toujours sensiblement égaux). Samuel Turner, voyageur très exact
(1783), disait en manière d'explication que « les
Thibétains regardent le mariage comme une
chose odieuse, un fardeau gênant et honteux, que
tous les mâles d'une famille doivent chercher à
rendre plus léger en le partageant entre eux. »

Il est d'autres considérations peut-être plus importantes que celles-là. On ne peut en effet oublier
dans la circonstance que le Thibet est entièrement livré au lamaïsme boudhique, et que les
couvents d'hommes et de femmes y pullulent. Il
y a des villes entières qui ne renferment que des
couvents et des palais. Et cette population des
couvents représente plus de la moitié de la population totale. Or, le nombre des religieuses l'emporte de beaucoup, comme en tous pays, sur celui des moines. On suppose que les trois quarts
de la population féminine sont voués à la vie de
couvent. Il ne resterait dans ce cas qu'un nombre
insuffisant de femmes pour former des ménages
monogames.

Ce n'est peut-être pas en cela que réside l'origine de la polyandrie en ce pays ; mais on peut compter qu'il y a là un motif efficace pour l'y entretenir.

D'autre part, si réellement les trois quarts des femmes se font religieuses, nous ne voyons pas pourquoi l'infanticide des petites filles, que M. de Ujfalvy croit si général, s'exercerait. Ou cet infanticide est sans objet et n'est que fort peu pratiqué, ou le nombre des femmes ne peut suffire à remplir les couvents dont l'existence est bien établie. Voilà un dilemme dont il est impossible de sortir. Nous ne le posons d'ailleurs que pour montrer combien d'obscurité enveloppe encore ces questions pourtant si anciennes d'ethnographie et de sociologie.

Quoi qu'il en soit la polyandrie n'a pas toujours été aussi exceptionnelle qu'aujourd'hui.

M. Lagneau a rappelé qu'elle existait chez les Agathyrses, au sud de la Scythie, qui pour ce motif, d'après Hérodote, se considéraient tous comme des frères ou des cousins. Elle existait aussi chez les Liburnes, sur le littoral adriatique, peuple chez lesquels les enfants étaient élevés en commun jusqu'à cinq ans, et attribués ensuite à ceux auxquels ils ressemblaient.

En parlant des Bretons insulaires, César dit

que, chez eux, les femmes sont communes à dix ou douze hommes, principalement à des frères, mais aussi à des pères et à des fils.

Cette institution nous apparaîtrait donc comme assez fréquente, mais aussi comme passagère et transitoire. Et si l'infanticide en grand est la première de ses conditions, on a pu se demander s'il n'avait pas été adopté en vue de limiter l'accroissement de la population. M. de Ujfalvy a trouvé le pays des Koulous fertile; mais ce n'est là qu'un renseignement vague. Et l'on sait qu'à la côte du Malabar, où la polyandrie existe aussi, elle est due à la pénurie des subsistances.

31 mars et 2 août 1882.

XI

Progrès de la photographie. — La jumelle photographique.
— La photographie comme instrument de recherche dans
les sciences, et du rôle précieux qu'elle joue depuis quelque
temps en astronomie. — De la constitution du soleil. —
Différents états de combustion des étoiles. — Différents
états de la matière dans les nébuleuses.

I. — La photographie joue depuis longtemps
un grand rôle dans l'art et l'industrie, et ce rôle
s'accroît tous les jours. Ses procédés ont subi
concurremment des perfectionnements considérables. Ils ont surtout porté sur la sensibilité des
plaques qui ont permis d'abréger les temps de
pose. Les appareils ont aussi, du même coup, été
simplifiés. Il existe depuis longtemps des appareils portatifs avec lesquels les voyageurs peuvent
prendre des épreuves instantanées.

Leurs supports seuls peuvent encore passer pour légèrement encombrants. Mais on vient de faire une nouvelle simplification de ces appareils ou plutôt d'inventer un appareil encore plus simple. Nous voulons parler de la *Jumelle photographique*. C'est une jumelle marine de 54 millimètres à l'objectif que l'on convertit en appareil photographique en substituant : 1° aux oculaires, deux objectifs photographiques dont l'un est muni d'un obturateur à bascule; et 2° aux objectifs de la jumelle, du côté portant l'obturateur, le châssis photographique et de l'autre le châssis à verre dépoli.

On met au point sur la glace dépolie en appuyant la main sur quelque objet tel qu'un tronc d'arbre, après avoir fait tomber le rideau qui masque la glace sensibilisée tournée vers l'obturateur, puis l'on fait jouer avec le doigt la bascule de celui-ci. La glace sensibilisée s'impressionne, on obtient un cliché négatif instantané, et on fait relever le rideau qui doit le protéger contre toute impression nouvelle.

Pour enlever la glace sensibilisée ou le cliché du châssis, on introduit celui-ci dans un sac imperméable à la lumière, qui présente deux ouvertures fermées par deux bracelets en caoutchouc qui serrent les poignées de l'opérateur. Et le toucher seul suffit pour vous guider, que l'on veuille retirer une plaque sensibilisée de son étui en caoutchouc pour la mettre dans le châssis ou que l'on veuille faire l'inverse.

Les clichés une fois tirés, on peut remettre les manipulations qui restent à faire à un moment plus propice, les plaques, préparées au gélatino-bromure d'argent, se conservant parfaitement dans leurs étuis bien clos. Ces manipulations sont d'ailleurs assez peu compliquées.

Tout l'appareil, avec douze glaces préparées d'avance, est contenu dans un sac en cuir en bandoulière qui a de 28 à 30 centimètres de long sur 20 de hauteur.

Nous avons sous les yeux une photographie prise avec lui, du Pont-Neuf. Elle est fort petite, mais remarquablement nette.

II. — Grâce à la rapidité avec laquelle les plaques sensibilisées d'aujourd'hui peuvent être impressionnées, on peut avec la photographie prendre littéralement la nature sur le fait. Et l'on s'est de plus en plus convaincu ces dernières années que la fidélité avec laquelle elles reproduisaient et conservaient les impressions reçues rendaient leur emploi préférable au dessin dans tous les cas où une parfaite exactitude était nécessaire. Bien plus, on s'est aperçu qu'on pouvait à leur aide saisir dans les phénomènes de la nature jusqu'à des détails fugitifs qui avaient échappé à nos regards aidés des instruments les plus perfectionnés, détails dont la portée pour l'interprétation de ces phénomènes pouvait cependant être considérable.

La photographie a donc trouvé de nombreuses applications dans les sciences, ou plutôt elle est entrée un peu partout comme l'un des meilleurs procédés d'investigation scientifique. Ce sera là, plus tard, l'un des côtés les plus saisissants de l'histoire de son développement. Car on lui doit déjà de nombreux progrès. A tel point que l'histoire de l'astronomie, pendant ces dernières années, est presque intimement liée aux emplois multiples auxquels elle s'est prêtée. Nous allons en donner quelques exemples.

M. Janssen, le premier, a réussi à tourner les difficultés qui s'opposaient à la reproduction sur les clichés des détails de la surface solaire (1877).

A l'aide d'un instrument qu'il serait oiseux de décrire ici, il a pu prendre, à des intervalles de temps extrêmement courts et réguliers, une série de photographies de Vénus au moment de son passage sur le soleil. Et ces photographies ont permis d'établir les contacts, de calculer rigoureusement l'heure de chaque position de la planète, y compris celle où les deux disques sont tangents et celle où le centre de la planète passe sur le bord du soleil où d'une de ses taches.

Ces recherches ont un grand intérêt pour la détermination de la distance de Vénus à la terre. Mais ce qui paraîtra plus intéressant encore, ce sont les connaissances sur la constitution du soleil que nous devons à la photographie.

L'analyse spectrale nous avait appris que la lumière solaire est émise par une masse centrale, entourée d'une atmosphère absorbante de vapeurs métalliques et que cette atmosphère et les étoiles renfermant la plupart de nos bases terrestres, l'univers entier est formé des mêmes éléments. A partir de 1868 et notamment en 1871, diverses observations ont prouvé qu'au delà du limbe solaire visible à l'œil nu et même autour d'étoiles, il existe une atmosphère d'hydrogène et une atmosphère gazeuse sans cesse agitée par les courants d'hydrogène que la couche sous-jacente lui envoie.

Cette atmosphère a été photographiée (1881), et

l'on a pu ainsi mesurer son épaisseur. Elle s'étend autour du soleil, à des distances comprises entre 80,000 et 160,000 lieues (1).

Les photographies prises en 1877 par M. Janssen ont montré que dans les moments où la surface solaire a le moins de taches, la photosphère n'est pas pour cela en repos ; car elles ont révélé l'existence dans ces moments de petites taches apparaissant et disparaissant assez rapidement, en un ou deux jours.

M. Janssen est arrivé à tirer de très grands clichés de portions de la surface solaire avec des poses d'une durée qui se réduit, avec le gélatinobromure d'argent sec, en été, à 1/20000 et même à 1/40000 *de seconde*. Tous les phénomènes contemporains dont ces portions de surfaces sont le siège, se trouvent inscrits sur ces clichés.

On a pu ainsi se rendre mieux compte de la nature des granulations. Portions de la photosphère

(1) Le soleil a, de la sorte, plusieurs atmosphères gazeuses: l'interne ou *photosphère*, la principale, plus dense, plus chaude, plus lumineuse et recouverte d'une mince couche de vapeurs métalliques incandescentes; la mer d'hydrogène ou *chromosphère* dont les torrents forment les protubérances visibles pendant les éclipses en injectant l'atmosphère coronale. Les taches seraient d'immenses déchirures de la photosphère.

divisée par l'ascension de courants de gaz, elles seraient, comme nos nuages, des agrégats de corpuscules solides ou liquides nageant dans un milieu gazeux. Elles ne semblent pas d'ailleurs répandues sur une même surface, mais réparties à des profondeurs différentes. Les plus brillantes sont relativement rares, d'après les photographies. D'où l'on conclurait que le pouvoir lumineux du soleil réside principalement dans un petit nombre de points changeants de la surface photosphérique.

Suivant M. Faye, les granulations, véritables nuages solaires, se condensent en rayonnant, tombent vers le centre beaucoup plus chaud, s'y vaporisent de nouveau et sont ramenés à la surface par les courants d'hydrogène.

En vue de déterminer les températures des parties du soleil, on a pris des photographies des spectres de ces différentes parties. Chaque corps en combustion marquant, comme on sait, sa présence, dans la lumière décomposée en ses éléments ou spectrale, par des raies particulières, il a été démontré que « l'élargissement des raies de l'hydrogène est corrélatif de l'élévation de température ». On a pu ainsi prendre *utilement* des photographies des spectres d'un grand nombre d'étoiles. Et, en conformité avec l'hypothèse de Laplace, on a constaté que ces astres sont à des états différents de condensation. Les étoiles blanches, plus ardentes, renferment de l'hydrogène incandescent en abondance et à haute pression ; les étoiles brillantes se rapprochent de la constitution de notre soleil ; les étoiles rougeâtres sont beaucoup moins chaudes. En s'éteignant, elles passent à l'état de planètes obscures. Et elles prennent naissance des nébuleuses. C'est du moins là la grande hypothèse classique depuis Laplace. Mais cette hypothèse va devenir susceptible de vérification. Car la photographie, en permettant de prendre et de conserver des images des nébuleuses à différentes époques, dans l'intervalle de siècles entiers, nous donnera le moyen de suivre les transformations de ces matières cosmiques, sorte de protoplasma qui engendre les mondes.

Dans un but un peu différent, M. Lockyer (1879), M. Huggins (1882) ont photographié les spectres des lumières d'une série de nébuleuses depuis les plus denses jusqu'aux plus raréfiées ; ils sont arrivés à reconnaître que le nombre des corps simples diminue à mesure que l'on passe des premières aux secondes. Les spectres photographiques des plus raréfiées n'indiquent plus que l'hydrogène et le phosphore.

Ne serait-ce pas là une éclatante confirmation de nos vues théoriques sur l'unité de la matière ? Et quel service plus haut, plus digne de marquer sa trace dans l'histoire philosophique de la science, pourrait rendre la photographie comme instrument de recherche ?

Nous terminons sur cet horizon grandiose où s'entrevoit sans cesse de nouvelles merveilles, mais en déclarant que nous n'avons fait qu'effleurer notre sujet.

7 avril 1882.

|XII|

De l'analyse des chiffres de la statistique. — Du mouvement
de la population parisienne comparé à celui de la population française totale : nuptialité et natalité moindres à
Paris et mortalité plus grande. — Bertillon. — Du sort
des enfants naturels ; enfants assistés. — Lagneau.

I. — On croit assez généralement que les chiffres de la statistique parlent d'eux-mêmes. Et
lorsqu'on a, par exemple, le nombre des décès et
des naissances d'une population, on s'imagine
avoir une idée suffisante de sa vitalité et que ce
nombre peut être comparé à celui des naissances
et des décès de n'importe quelle autre population. Il n'en est rien. Et il faut un savoir spécial et
une grande expérience dans le maniement des
chiffres pour leur faire dire exactement ce qu'ils

9

veulent dire et en tirer les seules conséquences qu'ils comportent réellement. Nous allons le montrer à propos d'un fait considérable que vient de mettre en lumière pour la première fois M. le docteur Bertillon dans la magistrale introduction qu'il a jointe à son *Annuaire statistique de la ville de Paris* (1881).

En apparence le nombre des mariages et des naissances est assez élevé à Paris et les décès annoncent de bonnes conditions de salubrité. On y compte en effet : 1° 90 à 100 mariages annuels par 10,000 habitants, alors qu'il y en a 80 dans le reste de la France ; 2° 29 à 30 naissances vivantes par 1,000 habitants, tandis qu'il y en a 26 dans le reste de la France ; 3° 23 à 24 décès par 1,000 habitants, pas plus qu'en France.

Or ces chiffres ont une signification bien différente si l'on commence par étudier la composition de la population parisienne. M. Bertillon l'a fait avec beaucoup de soin, déterminant exactement la proportion comparée à Paris et en France, des enfants et des adolescents, des adultes mariés et mariables, des célibataires, des époux, des veufs, etc. Nous ne pouvons pas reproduire ses tableaux. Mais ce qui s'en dégage est assez complètement exposé dans ses conclusions.

D'abord, de recherches remontant à 1817, il résulte que la composition de la population parisienne se maintient depuis longtemps avec son caractère spécial qui s'accentue de plus en plus. Le nombre relatif des adultes s'accroît et celui des enfants et des vieillards diminue. L'annexion de la banlieue (1861) en restituant un grand nombre d'enfants a arrêté un instant ce mouvement ; mais il a repris. Si donc l'on compare cette population ainsi décomposée à celle de la France, toutes ses particularités s'accusent et se laissent chiffrer.

II. — Sur 1,000 habitants, il n'y a que 227 enfants et adolescents à Paris, alors qu'il y en a tout près de 300 (298) en France ; mais Paris compte 773 pubères alors qu'on n'en trouve que 702 en province. Sur 1,000 de ces pubères, Paris a 358 célibataires et la France seulement 299 ; mais inversement Paris n'a que 536 époux et épouses et la province 585 ; il ne compte que 106 veufs ou veuves alors que la province en a près de un dixième en plus. Sur 1,000 personnes adultes de chaque sexe, on compte 423 hommes *utilement mariables* à Paris et 338 en province ; et chez les femmes 360 à Paris et 298 en province.

Bien plus, de l'analyse en deux groupes d'âges de ce plus grand nombre d'époux et de veufs qu'on trouve en France, il résulte que cet excédent, pour les femmes est dû exclusivement aux vieilles : les jeunes, célibataires, épouses, veuves, étant au contraire, en plus grande abondance à Paris. Pour les hommes, ce sont seulement les célibataires et les époux virils qui excèdent à Paris : les vieux célibataires, les vieux époux et les veufs de tout âge préfèrent la province.

Quelles conclusions tirer de cette étude de la composition de la population ? Tout d'abord que, contrairement à toutes les apparences et conformément à toutes les prévisions théoriques, il y a à Paris beaucoup moins de mariages, de naissances et beaucoup plus de décès qu'en France.

M. Bertillon a déterminé exactement la valeur de ces différences. Pour apprécier la nuptialité parisienne, il a rencontré une première difficulté. C'est qu'à Paris les mariages légitimes ne sont pas le seul élément qu'il faille considérer pour juger de la disposition des gens mariables à entrer en ménage.

A côté d'eux, il existe des unions libres, d'un degré inférieur, une sorte de concubinat régulier qui s'est spontanément constitué pour échapper aux formalités, aux exigences et aussi aux conséquences de l'association légale.

Des estimations approximatives de M. Bertil-lon, dans le détail desquelles nous ne pouvons ici entrer, il existait en 1876, à Paris, à côté de 825,000 époux et épouses, notablement plus de 82,500 concubins.

Mis à part cet important élément, on constate que sur 1,000 mariables hommes (célibataires au-dessus de 18 ans et veufs de tout âge), il y en a annuellement 61 en France et 57 à Paris qui se marient, et que, sur 1,000 femmes mariables, il s'en marie annuellement 47,85 en France et 47,4 à Paris. Mais si l'on écarte les gens âgés, plus nombreux en province, comme non utilement mariables, la nuptialité des hommes est de 65 en France et de 62 à Paris, et celle des femmes de 66 en France et de 62 à Paris.

Les chiffres de M. Bertillon sur la natalité sont encore plus expressifs. « Mille femmes nubiles (de 15 à 50 ans) au lieu, dit-il, de fournir annuellement comme en France 102 naissances vivantes (et les Anglaises et les Prussiennes en ont 140), n'en donnent que 88 à Paris, soit un déficit de 14 par an et par 1,000 femmes nubiles, et comme il y a à Paris environ 630,000 de ces femmes, c'est une perte annuelle de près de 9,000 petits enfants qui devraient naître et qui ne naissent pas. » Il ajoute : « Et pourtant ce rapport masque encore une partie de notre misère reproductive *légitime*, c'est-à-dire la meilleure et la plus solide. En effet, si l'on prend notre population parisienne, telle qu'elle se comporte (1876) avec ses 339,000 épouses de 15 à 50 ans, et que l'on réclame de ces femmes mariées les 174 naissances par 1,080 épouses que donne la France dans son ensemble, on trouvera que nos épouses parisiennes devraient chaque année fournir à la capitale environ 59,000 naissances légitimes, tandis qu'elles n'en livrent que 40,500, c'est-à-dire qu'elles produisent un déficit annuel de 18,500 naissances légitimes. »

Si l'on étudie la mortalité âge par âge en France et à Paris (et c'est dans ces conditions seules que la comparaison peut se faire, puisque la mortalité est toujours différente pour chaque catégorie d'âges), il apparaît de suite qu'elle est toujours plus élevée à Paris.

« Pour tous les âges pris ensemble, la population parisienne ne devrait donner, bon an mal an, que 35,040 décès. Elle en compte 45,936, ou

10,990 de plus. C'est annuellement un excédent d'environ 11,000 décès que lui coûte le milieu parisien. » Il faudrait encore ajouter à ce nombre le chiffre énorme de la mortalité des enfants en bas âge (15 à 20,000) qui, confiés à des nourrices *extra muros*, sont inscrits, à leur décès, dans les communes où ils résident sans faire retour aux registres mortuaires de Paris.

» En résumé, conclut M. Bertillon, tant par l'excès de sa mortalité que par l'excès de sa stérilité, on peut dire que le milieu parisien supprime chaque année *certainement* plus de 30,000 existences, et *vraisemblablement* (en estimant à 9,000 les décès des nourrissons qui échappent à ses registres) plus de 39,000 ! formidable déficit que vient incessamment combler, et bien au delà, l'immigration du reste de la France et de l'étranger, puisque malgré cela, en temps normal, les habitants de Paris s'accroissent de 15 à 20,000 personnes chaque année. »

III. — Il nous a paru d'autant plus utile de signaler ces résultats complexes d'une analyse démographique scientifiquement conduite, que dans un travail que vient de publier la *Revue scienti-*

fique (1) *sur la durée de la vie dans les villes et les campagnes*, ils ne sont que tout juste soupçonnés.

L'auteur anonyme de ce travail dit, en effet, des mariages : « On est surpris de constater que leur rapport le plus élevé à la population se rencontre dans la Seine : 109,9 habitants pour un mariage; dans les campagnes, ce rapport est moindre : 124; il est surtout très faible dans les villes : 129, 9. La différence de ces résultats n'est pas facile à expliquer. Tout au plus peut-on dire que le nombre exceptionnel des adultes des deux sexes, à Paris et dans sa banlieue, détermine le grand nombre relatif de mariages qu'on y constate. »

De même pour les naissances. Il s'étonne de la plus grande fécondité de la population de la Seine, en l'expliquant par le surcroît des naissances naturelles, et en rappelant, ce que d'ailleurs M. Bertillon a depuis longtemps établi, que la natalité décroît dans les campagnes à fur et à mesure du développement de la petite propriété. Pour les décès, la différence est trop grande entre Paris et la campagne pour qu'elle ne ressorte pas d'elle-même. Notre auteur avoue même qu'il faut

(1) Numéro du 9 avril 1882.

que l'influence des campagnes soit bien sensible,
puisque leur moindre mortalité est considérable,
bien que l'état civil mette à leur compte les nombreux décès qu'elles reçoivent des villes. Mais la
mortalité dans la Seine est plus faible que dans
les villes en général. Et là notre auteur s'embar-
rasse encore, en tombant d'ailleurs juste dans ses
suggestions.

Il a expliqué la natalité de la Seine par l'excédent de ses naissances naturelles. Un travail que
M. Lagneau vient de présenter à l'Académie des
sciences morales et politiques (1) nous renseigne
sur le sort réservé à un grand nombre de ces naissances. Nous voulons parler des enfants assistés.
Leur mortalité de 1 jour à 12 ans, qui était de
82,44 0/0 de 1815 à 1819, est descendue dans la
période de 1872 à 1875 à 41,27, c'est-à-dire de
moitié. Et de notables améliorations ont encore
été introduites dans leur service depuis les rapports de MM. Clémenceau et Thulié au conseil
général de 1875.

Cependant M. Lagneau nous apprend que, jusqu'en 1875, 100 de ces enfants nés vivants étaient

(1) *Mortalité des enfants assistés en général et ceux du département de la Seine en particulier.* — 1882.

réduits à 43 à douze ans; et qu'en 1878 encore sur 100 de ces enfants, 26,77 périssaient avant leur entrée à l'hospice; 4,02 pendant leur séjour à l'hospice, et 31,11 depuis leur sortie jusqu'à vingt et un ans, ce qui réduisait leur nombre à 38.

14 avril 1882.

XIII

L'hérédité. Sa puissance pour fixer les habitudes les plus fugitives. — Origine des instincts. — Leur transmission. — L'hérédité de l'intelligence. — Son caractère relatif et sa nature complexe. — Des lois de transmissions héréditaires des parents aux enfants. — Inconstance apparente de l'hérédité de l'intelligence.

Il n'est certes pas rare de voir des hommes de génie avoir pour enfants de pures médiocrités. Il est sans doute en revanche extrêmement rare, et probablement tout à fait impossible de voir des parents sans esprit donner le jour à des hommes d'un vrai et haut mérite. On a pu conserver cependant quelque doute sur l'hérédité de l'intelligence dans ce qu'elle a de plus élevé ou dans ce que l'on considère comme tel.

La force de l'hérédité se montre dans tout le

reste avec une puissance souvent presque incroyable, et presque toujours avec une constance,
une sûreté, qui en a fait, dans les mains de
l'homme, un instrument qui lui a permis d'adapter à ses besoins une foule d'animaux. Bien entendu nous mettons ici de côté le rôle de l'hérédité dans les lois les plus générales qui régissent
les êtres, et par exemple dans le mécanisme de la
transformation des espèces. Envisagée à ce point
de vue le plus élevé, elle est d'ailleurs aussi bien
psychologique que biologique.

Les animaux ne sont pas que des automates. Et
ils se transmettent les qualités ou particularités
de leur esprit comme les formes de leurs corps.
C'est même grâce à la puissance héréditaire que
certaines notions dues à l'expérience individuelle
deviennent innées et forment la trame d'instincts
essentiels. Les instincts, dont l'homme est pourvu
autant que n'importe quel autre animal, ont par
elles la même nature et la même source que les
autres acquisitions de l'intelligence, bien que caractéristiques d'espèces déterminées.

Les habitudes en apparence les plus instables
et les plus péniblement conservées, peuvent ainsi
acquérir de la constance et de la fixité.

Darwin rapporte le cas d'un homme qui lorsqu'il était étendu sur le dos dans son lit et profondément endormi, élevait le bras droit lentement au-dessus de son visage jusqu'au front, puis par une secousse l'abaissait en sorte que le poignet tombait pesamment sur le dos de son nez. Ce geste ne se produisait pas chaque nuit, mais seulement de temps en temps, et il était indépendant de toute cause appréciable. Parfois il se répétait pendant une heure et plus, laissant le nez tout meurtri des coups qu'il recevait. Son fils se maria, plusieurs années après la mort de son père, avec une personne qui n'avait jamais entendu parler de cette particularité. Cependant, cette personne vit que son mari l'offrait identiquement. Un de ses enfants, une fille, en a hérité. Elle se sert aussi de la main droite, mais d'une manière un peu différente; après avoir élevé le bras, elle ne laisse pas son poignet tomber, mais avec la paume de la main demi-fermée, elle frappe des petits coups rapides sur son nez.

Cet exemple de transmission d'une habitude aussi bizarre, qui tient sans doute à quelque affection très limitée du système nerveux, n'est pas unique. Mais la puissance de l'hérédité est loin de s'exercer pour toutes les particularités individuelles, notamment dans le domaine psychique

Un auteur voulant mettre en expérience de jeunes chiens, les a menés à la chasse sans qu'ils aient reçu aucune direction de leurs aînés. L'un d'eux demeura tremblant d'anxiété, les yeux fixes, les muscles tendus devant les perdrix que ses parents avaient été élevés à arrêter. Un épagneul appartenant à une race dressée à chasser la bécasse, sut au contraire très bien se conduire à la manière d'un vieux chien, évitant les terrains glacés où il eût été inutile de chercher le gibier. Enfin un jeune terrier d'une race dressée à la chasse des fouines entra en fureur la première fois qu'il se trouva dans le voisinage d'un de ces animaux, tandis que l'épagneul restait parfaite_ment tranquille.

Il faut que les habitudes soient bien enracinées et devenues à peu près instinctives ou automatiques pour pouvoir être transmises dans tous les cas avec certitude.

II. — Ces quelques considérations beaucoup trop brèves d'ailleurs, naturellement, nous aideront à mieux faire comprendre l'hérédité de l'intelligence. C'est de celle-là surtout que traite M. Ribot, dans son important ouvrage sur l'*Hérédité psychologique* dont il vient de donner une édition, entièrement refondue (1). Il y aurait, il me semble, à la considérer dans les races avant de la considérer chez les individus. Une première chose apparaîtrait avec clarté, c'est que, sans elle, le progrès stable serait impossible. Le bagage intellectuel d'un Européen instruit est infiniment considérable auprès de celui d'un sauvage. Or, peut-il être acquis du premier coup par le sauvage, ou même l'homme de telle ou telle de nos campagnes d'Europe dont les ancêtres sont toujours restés sans instruction? Non, sans doute. C'est qu'alors toutes les acquisitions intellectuelles sont l'objet d'une *mémoire ethnique*, pour employer une expresssion empruntée à M. Ribot, elles laissent dans le système nerveux, le cerveau, des résidus, des prédispositions transmissibles par hérédité.

Si l'on considère l'intelligence dans un même milieu, on ne peut apercevoir cela aussi clairement. D'abord sa supériorité chez tel ou tel individu peut être tout extérieure ou conventionnelle; ensuite et surtout, dans les degrés peu distants au fond qu'elle présente, elle dépend de circonstances extérieures qui l'ont favorisée chez

(1) 1 vol. gr. in-8° de la *Bibliothèque de la philosophie contempordine.* — 1882.

l'un et étouffée chez l'autre. Combien d'intelligences hors ligne ont préféré l'obscurité par vertu et combien n'ont pu prendre leur essor sous le poids accablant des nécessités de la vie. Combien de génies brillants n'ont dû d'entrer dans la voie des travaux et des découvertes qui les ont illustrés qu'à des circonstances fortuites.

Pour ne citer qu'un exemple, lorsque Claude Bernard est venu à Paris avec une tragédie en vers dans sa poche, si Saint-Marc de Girardin, auquel il l'a soumise, ne l'avait pas découragé, il n'aurait jamais fait sa médecine et ne se serait pas engagé dans ces recherches qui ont fait faire un pas immense à la physiologie et ont rendu son nom immortel.

C'est donc surtout dans son expression la plus haute que l'intelligence se présente, sous quelques-unes de ses formes, comme une particularité individuelle d'une transmission toujours incertaine. M. de Candolle (*Histoire de la science et des savants*), cité par M. Ribot, s'explique à ce sujet, fort correctement : « L'hérédité, dit-il, consiste en une transmission générale des facultés élémentaires. Avec une combinaison heureuse de mémoire, de jugement, de volonté, un homme peut réussir dans les lettres, les sciences, le droit et, en général, dans tout ce qui demande de la capacité intellectuelle. Prenons le fils d'un grand capitaine ou d'un mathémacien célèbre ; en supposant qu'il ressemble à son père et non à sa mère, il y aurait seulement probabilité au moment de la naissance, pour le fils du grand capitaine, d'être une homme disposé à commander ; pour le fils du mathématicien, d'être un homme disposé à calculer : ce qui peut faire du premier un piqueur ou un majordome, et du second un teneur de livres exact. »

Il n'y a que dans les genres d'activité où l'on atteint une véritable supériorité que grâce à des aptitudes naturelles dépendantes de sens distincts, comme dans les mathématiques, la musique, la peinture, qu'on voit toujours l'hérédité intervenir.

Il faut d'ailleurs ne pas perdre de vue que si dans les cas d'hérédité directe, l'enfant tient de son père et de sa mère, il y a toujours chez lui prépondérance de l'un des deux. M. Ribot étudie fort bien les lois de l'hérédité à ce point de vue.

La prépondérance de chaque parent s'exerce tantôt sur les enfants du même sexe différent du sien, tantôt sur les enfants du même sexe. Elle n'est d'ailleurs pas exclusive.

« Gall cite l'exemple curieux de deux jumeaux

10.

de sexe contraire ; le garçon ressemblait à la mère, femme très bornée ; la fille au père, homme plein de talent, etc.

» Goethe eut de sa domestique, femme d'un esprit vulgaire qu'il épousa, plusieurs enfants, dont un seul garçon. Ce fils ressemblait à Goethe pour la force du corps, mais il était borné comme sa mère, et Wieland l'appelait le fils de la servante. »

Olivier Cromwell épousa Élisa Boursier, d'un naturel débonnaire. Ses fils furent des *bergers d'Arcadie*; ses filles furent plus fanatiques que lui, etc.

On n'en cite pas moins des lignées entières d'hommes qui, de génération en génération, se sont transmis le même talent.

Nous ne pouvons pas insister. Mais nos lecteurs se rendent déjà bien compte que dans les conditions complexes où elle s'exerce, l'hérédité, et surtout l'hérédité de l'intelligence, si complexe elle-même et si fugitive dans ses plus hautes manifestations, se présente naturellement à nos regards avec une inconstance apparente qui masque sa puissance et la grandeur de ses résultats accumulés.

21 avril 1882.

XIV

La mer saharienne. — Le projet de M. Roudaire.

Le Sahara passe encore aux yeux de beaucoup de personnes compétentes, pour avoir été couvert d'une mer, d'ailleurs assez peu profonde, pendant la plus grande partie de l'époque géologique quaternaire, époque qui a précédé immédiatement la nôtre. On est même parti de là pour expliquer l'existence des grands glaciers de l'Europe à cette même époque. Au lieu du siroco qui ferait aujourd'hui sentir son influence jusque sur les Alpes, ce sont des vents froids qui auraient soufflé de l'Afrique.

Nous avons déjà ici même rapporté quelques faits en désaccord avec cette opinion. Et elle peut bien passer aujourd'hui dans sa forme trop simple, pour être quelque peu surannée.

D'une série d'observatious relevées depuis déjà bien des années, groupées et confirmées en dernier lieu par M. J. Rolland (*Bulletin de la Société géologique de France*, 1881, 1882) et par M. Pomel, il résulte que les dunes de sable du Sahara ne forment qu'un neuvième de sa surface et qu'elles proviennent de la désagrégation des roches sous les influences atmosphériques.

Pendant l'époque quaternaire, il se serait formé, dans le Sahara , d'énormes dépôts de grès composés de grains de quatz roulés, mêlés d'argile et cimentés par du calcaire ; et cela non sous des nappes d'eau permanentes, mais « sous l'action de phénomènes qui trouvent peut-être leur similaire dans cette région des grands lacs de l'Afrique centrale, où les pluies tropicales font épandre des nappes liquides sur des surfaces immenses ». L'érosion de ces dépôts aurait donné naissance à des masses énormes de sables et de graviers qui, à leur tour, sous l'action de la sécheresse et des vents, auraient constitué les dunes actuelles.

Ceci établi, le dessèchement du Sahara serait récent. Il se poursuivrait encore de nos jours, comme nous l'avons dit.

Mais il ne serait pas le fond d'une ancienne mer, et de ce fait tomberait l'accusation portée contre le projet Roudaire, de nous exposer à voir notre climat d'Europe changer trop profondément. D'autant plus que des études fort ingénieuses, sur lesquelles nous espérons revenir avec quelques détails, et qui ont fait encore dernièrement l'objet d'une thèse de M. Hebert, tendent à démontrer que le siroco n'est nullement un phénomène local, et qu'un désert enflammé n'est pas la condition *sine quâ non* de la production des vents chauds. Ces derniers sont en général le résultat des phénomènes complexes qui se produisent lorsque, sous l'influence des grands tourbillons atlantiques, un courant d'air chaud saturé d'humidité et animé d'une grande vitesse vient choquer une chaîne de montagnes. Voilà pourquoi nous en voyons souffler de la même façon qu'en Algérie, au passage de l'Altas et du Jurjura, sur le golfe de Gascogne, au passage des Pyrénées ; en Suisse, au passage des Alpes ; en Piémont et dans le Tyrol ; en Norvège même sur les deux versants des Alpes Scandinaves ; au pied du Caucase et jusque sur la côte occidentale du Groënland, etc. Nous sommes garantis de la sorte contre tout abaissement général de température.

De tout cela il ne s'ensuit aucunement que le Sahara ait toujours été ce qu'il est pour le climat des régions voisines. Son dessèchement est récent, venons-nous de dire. Il renfermait autrefois des cours d'eau, des lacs et même des bras de mer intérieure. Hérodote (cinquième siècle avant notre ère), parlait encore du grand golfe de Triton, qui se reliait à la mer Méditerranée, sans aucun doute, au golfe de Gabès, par une passe étroite et dangereuse. Scylax (deuxième siècle avant notre ère), Pomponius Mela (43 ans après Jésus-Christ), mentionnent la Petite-Syrte et le lac Triton, et d'incontestables vestiges de la mer au sud de Cirta (Constantine). Deux siècles plus tard, de ces golfes et lacs salés, il ne restait que deux chaînes de petits lacs. Le dessèchement se poursuivant et les goulets qui les mettaient en communication avec la mer s'étant naturellement comblés, ces lacs sont devenus nos *chotts* actuels. Ce sont des bas-fonds vaseux où l'eau séjourne pendant les pluies, recouverts d'efflorescences salines, particulièrement de sels de magnésie, qui rendent leur surface très brillante, avec de très dangereux abîmes de boue.

En 1873, M. le capitaine Roudaire, procédant au nivellement géométrique de la région comprise

entre Biskra et le Chott-mel-Rhir, crut reconnaître
que le lit de ce dernier était encore de 27 mètres
plus bas que le niveau de la Méditerranée. Le
Chott-mel-Rhir communique à l'est avec le *Chott-
Sellem*. De ce dernier, on gagne le *Chott-Rharsa*,
et celui-ci se continue vers le golfe de Gabès par
le *Chott-el-Djérid*, qui ne serait séparé de la Méditerranée que par une bande de dunes sablon-
neuses d'une vingtaine de kilomètres à peine.

Ce sont ces considérations qui ont fait concevoir
à M. Roudaire son projet, aujourd'hui soumis à
un examen définitif, de la création d'une mer intérieure en Algérie.

Nous ne rappellerons pas les phases par lesquelles il a passé. Déclaré impraticable par une
commission italienne envoyée en Tunisie en 1875,
il a été soumis à des études très complètes, dès
1874-1875, par une mission dont M. Roudaire lui-
même avait la direction. De ces études prépara-
toires, il est résulté qu'il y aurait à inonder un
bassin de 6,000 kilomètres carrés en Algérie et un
autre d'égale étendue en Tunisie. Mais elles ont
aussi fait découvrir une première et considérable
difficulté; c'est que le *Chott-el-Djérid*, celui à travers lequel la mer doit pénétrer dans tous les
autres, est séparé du Chott-Rharsa par un bour-

relet qui atteint une élévation de 40 mètres au-
dessus de la Méditerranée, et que lui-même est,
dans toute l'étendue de sa surface, supérieur au
niveau de cette dernière.

M. Roudaire croit que cette difficulté peut être
tournée par suite des faits suivants :

Le Chott el-Djérid, selon lui, est un mélange
très liquide d'eau et de sable recouvert d'une
couche plus résistante dont l'épaisseur variable
dépasse rarement 80 centimètres. Il est très peu
de points où cette couche puisse supporter les
hommes et les animaux. La route du Nifzaoua au
Djérid, qui est la seule à peu près sûre sur laquelle on puisse traverser le chott, n'est qu'une
chaussée longue et étroite qui devient dangereuse
quand il a plu. Lorsqu'on fait creuser, en un des
points abordables du chott, de façon à enlever la
croûte résistante, il suffit de laisser tomber dans le
mélange d'eau et de sable mis à découvert un bâton
ou une pierre suspendue à une corde, pour qu'ils
s'y enfoncent de leur propre poids sans rencontrer
le fond. En quelques instants le trou s'emplit d'une
eau aussi salée que celle de la mer, mais exces-
sivement limpide. « Ces faits, dit M. Roudaire,
ne se produisent pas seulement vers le centre du
chott ; j'ai fait creuser dans le Chott-el-Melah, sur

le seuil de Gabès, à une altitude de 31 mètres et j'ai trouvé l'eau à 80 centimètres de profondeur. J'ai constaté en outre que le niveau de la croûte solide peut varier en quelques jours. »

M. Roudaire est en conséquence convaincu qu'il suffirait de couper le bourrelet qui sépare le Chott-el-Djérid du Chott-Rharsa, pour que la croûte solide du premier disparût et que ses eaux remplissent le second en déposant leurs sables. La communication avec la mer entretiendrait ensuite un courant constant qui empêcherait la formation de nouvelles croûtes sableuses.

On peut, il est vrai, alors se demander si tous les sables entraînés par ce courant ne causeront pas une surélévation dangereuse du fond des autres chotts algériens et tunisiens.

Mais là n'est pas la principale difficulté. Il est en effet avant tout permis de craindre que l'eau amenée par les courants soit insuffisante comme elle l'a été jadis, à compenser les déperditions causées par l'évaporation intense qui se fera à la surface des chotts. MM. Roudaire et de Lesseps toutefois ne sont pas de cet avis. Quoi qu'il en soit, les bords des bassins, nous paraissent, quant à nous, devoir être d'une pente si faible, que la moindre baisse des eaux, en été, mettra à nu d'immenses surfaces marécageuses, extrêmement funestes à la salubrité du pays (1).

19 mai.

(1) On sait que, conformément aux conclusions de cet article, le projet Roudaire a définitivement été repoussé fort peu de temps après par une commission officielle. Cependant il est encore question de l'exécuter sans le concours du gouvernement.

XV

I. — Le divorce. — Dissolution des mariages plus fréquente
en France que dans les pays où règne le divorce. — Mariage des divorcés. — II. — Nouveau mode de traitement
de la phthisie inaugurée dans les hôpitaux de Paris.

I. — On a depuis longtemps déjà discuté le
divorce sous toutes ses faces. Et son rétablissement apparaît en général comme propre à bannir
du mariage ce que nous avons conservé, sous
différents déguisements, de ses formes anciennes
et barbares, la vente et la capture. Sous son régime, en effet, le mariage tendra de plus en plus
à devenir un contrat vraiment loyal basé sur le
consentement réfléchi des parties, les tromperies
et les ruses ne pouvant plus avoir dans ce contrat
d'effet irrévocable. Il en résultera notamment pour

la femme un bénéfice moral que nous croyons devoir être considérable.

Nous n'en aurions même pas parlé s'il ne nous avait paru utile de rappeler quelques chiffres statistiques, d'ailleurs connus, qui réduisent à néant les objections assez inattendues qu'on lui fait encore çà et là.

D'abord la dissolution effective (par le scandale des séparations de corps), sinon légale, des mariages a toujours été plus fréquente en France que dans les pays où règne le divorce.

En Belgique, par exemple, il y a 11 divorces et séparations de corps par an sur 100,000 couples, tandis que, chez nous, il y a 26 séparations de corps, c'est-à-dire deux fois et demie autant.

La comparaison avec la Suède et les Pays-Bas donne les mêmes différences. Le divorce n'est donc en aucune façon une invitation à rompre les mariages. Il les rendra plus *faciles*, s'exclame-t-on ? On veut donner à ce mot *facile* un sens équivoque, mais on peut défier ceux qui se servent de cet argument d'en montrer le fond. Est-ce que par hasard des moralistes un peu sérieux voudraient se proposer comme un perfectionnement de rendre le mariage plus difficile, quand toutes nos sociétés vieillies souffrent des difficultés artificiellement entassées autour de lui, quand nous voyons des milliers et des milliers de personnes s'engager dans des unions irrégulières à cause de l'ennui, des longues formalités, des coûteuses cérémonies des unions régulières, et quand la statistique nous montre que ces unions irrégulières n'ont pas (en général) les effets des autres qui sont un véritable préservatif de l'immoralité et de la maladie?

Si le divorce rendait le mariage moins redoutable et pouvait en faciliter ainsi l'accomplissement plus fréquent, ce serait un de ses plus grands bienfaits (1).

Autre côté de la question. Ce sont en général (neuf fois sur dix en France) les femmes qui demandent la dissolution du mariage. C'est donc à elles surtout, quoi qu'on puisse dire, et comme il était facile de le prévoir, que le divorce est destiné à profiter.

D'après les chiffres recueillis par l'administration allemande en Alsace-Lorraine, la chance de se brouiller étant : 1 dans la première année de mariage, elle est de 3 dans les quatre années qui

---

(1) Il est depuis longtemps établi que ceux qui ont une fois vécu en l'état de mariage montrent pour cet état un goût plus vif que les autres, et tant qu'ils restent veufs ils sont plus sujets à la maladie et à la mort.

suivent, de 4 de cinq à dix ans, de 3 de dix à vingt ans.

Cela veut dire, en somme, que ce n'est pas au premier mot de dispute que le divorce est demandé, mais le plus souvent lorsque de longues années de cohabitation ont montré et accusé les incompatibilités d'humeur.

Enfin, les divorcés se remarient presque toujours, et cela dans une intention définitive, car ils y mettent d'autant moins de hâte qu'ils sont plus jeunes, attendant la maturité. Rien n'est plus rassurant. Pour un mariage que le divorce permettra de défaire, il s'en reformera deux bientôt après.

II. — Nos lecteurs se rappellent peut-être les expériences de M. Toussaint que nous avons rapportées et qui tendaient à démontrer que la phtisie est de nature parasitaire.

Il serait d'un grand secours de mieux connaître cette maladie dont chacun peut voir autour de soi les ravages lents, mais sans remèdes.

Elle a décimé des populations entières comme les Polynésiens, et elle est le fléau peut-être le plus terrible des populations des villes, car elle est toujours présente et ne laisse à ses victimes aucun temps de repos.

Si l'on en juge par les moyens de la combattre comme par les conditions dans laquelle elle naît, elle consiste avant tout dans une dénutrition rapide. Aussi vient-on d'inaugurer dans les hôpitaux un singulier mode de traitement des phtisiques. Il a été dernièrement l'objet de discussions à la *Société médicale des hôpitaux*, et nous en trouvons un exposé très clair dans un excellent petit journal de médecine (*Le Praticien*, des 1er et 15 mai). Ce traitement est celui de l'alimentation forcée et consiste en un véritable *gavage*.

Tel qu'il tend à se généraliser, il a été mis en pratique d'abord par M. Debove, à l'hospice de Bicêtre. On introduit un tube en caoutchouc, dit de Faucher, dans l'estomac des malades et on leur entonne des quantités de plus en plus considérables d'aliments préparés à cet effet.

Il faut que ces quantités d'aliments soient, disons-nous, de plus en plus considérables. C'est la condition essentielle pour obtenir de bons résultats. M. Debove arrive progressivement à injecter à ses phtisiques et à leur faire tolérer les quantités suivantes : 3 litres de lait, 600 grammes de poudre de viande, 12 œufs crus et une certaine dose de farine de lentilles.

La poudre de viande est un produit nouveau qu'il obtient de la façon suivante : la viande crue est hachée ; elle est ensuite pressée pour en extraire le jus, qui est mêlé au lait qui doit être injecté au malade ; on la fait alors sécher à l'étuve et on la pulvérise finement ; enfin, on la passe au tamis de soie de manière à la rendre impalpable.

On a ainsi une poudre analogue à la farine dont la digestion est incomparablement plus facile que celle de la viande crue, car le suc gastrique la pénètre aisément du premier coup. Or, 600 grammes de cette poudre représentent environ deux kilogrammes de viande fraîche.

Son assimiliation est rapide. Et celle des autres éléments injectés avec elle par le tube Faucher est également parfaite, car, après ce régime, il n'y a pas de diarrhée, les excréments sont en petite quantité, le corps engraisse, et l'urée excrétée chaque jour s'accroît au point de s'être élevée dans un cas à 70 grammes.

Plusieurs médecins ont visité les malades de M. Debove, et ils ont tous été frappés de l'amélioration qui se produisait dans leur santé.

Sous le régime auquel ils sont soumis, les

sueurs nocturnes disparaissent entièrement, l'expectoration se réduit beaucoup et ils augmentent de poids. Un malade de M. Debove a gagné douze kilogrammes en deux mois. Un autre malade, dont l'état était considérablement amélioré, ayant commis des imprudences et ayant succombé à leur suite, a présenté à l'autopsie, le long des parois des cavités énormes qui s'étaient formées au sommet des poumons, des bourgeons charnus de bonne nature, identiques à ceux d'une plaie en voie de réparation. Ce dernier fait a une réelle importance. Si l'on ne peut pas guérir la phtisie, on a du moins maintenant le moyen d'enrayer avec certitude ses progrès, et de donner à ceux qui en sont atteints une quiétude morale dont la privation jusqu'ici n'était pas le moins terrible de leurs maux.

27 mai.

XVI

Le nouveau musée d'ethnographie.

Nous aurions bien voulu donner quelque chose comme un *Guide du Visiteur* pour le nouveau Musée d'ethnographie. Il aurait pu suppléer à la pénurie des étiquettes et à l'absence de catalogue. Mais nous devons nous borner à quelques indications générales.

Il y a déjà quelque temps que ce musée a été inauguré, comme nos lecteurs le savent sans doute, devant le ministre de l'instruction publique et les membres de la Société de géographie.

Mais il y a encore environ 10,000 pièces qui restent à classer. Et sa grandeur actuelle ne peut sans doute donner aucune idée de l'étendue qu'il occupera d'ici quelques années.

Un des motifs principaux qui ont si longtemps fait ajourner une création semblable est, en effet, qu'il n'y aura aucune limite dans le nombre et la nature des objets dont elle doit embrasser l'exposition et l'étude. Peut-on se figurer un musée assez grand pour contenir tout ce qui, selon la définition de M. Hamy, se rapporte à « l'alimentation et au logis, aux habillements et aux parures, aux armes de guerre et aux instruments de travail, chasse, pêche, culture, industrie, aux moyens de transport et d'échange, aux fêtes et cérémonies civiles et religieuses, aux jeux, aux arts, enfin, en un mot, tout ce qui, dans l'existence matérielle des individus, des familles ou des sociétés, présente quelque trait bien caractéristique ».

Aussi jusqu'à présent s'était-on borné à réunir quelques collections partielles, soit à titre de curiosités, soit comme documents accessoires de quelque autre science telle que la géographie ou l'archéologie. Mais ces derniers temps on s'est de plus en plus pénétré de l'intérêt propre des études ethnographiques envisagées d'une façon indépendante et comme offrant un caractère général supérieur à celui d'études plus avancées. On a dressé des questionnaires pour les voyageurs, et ceux-ci ont rapporté de leurs explorations lointaines des matériaux plus ou moins nombreux pour l'archéologie, la psychologie et la sociologie des peuples qu'ils avaient visités.

C'est avec ces matériaux qu'ont été formées d'abord à l'étranger, à Londres, à Copenhague, à Berlin, des musées d'ethnographie dignes de ce nom.

En France on a fait à diverses reprises, et notamment en 1831, de sérieuses tentatives pour en former une collection au dépôt des cartes, à la Bibliothèque nationale.

La plus grande partie des pièces ethnographiques apportées en France de toutes les parties du monde n'en ont pas moins été dispersées et perdues. Et ce n'est que depuis quelques années que, comprenant leur caractère scientifique, on a recueilli et conservé au ministère de l'instruction publique les collections des voyageurs chargés de missions à l'étranger. C'est surtout avec ce fonds qu'a été organisé le musée du Trocadéro. M. Hamy a reçu en outre un certain nombre de pièces de petites collections réunies isolément à la bibliothèque Sainte-Geneviève, à l'ancien musée algérien, au musée de Saint-Germain, à la bibliothèque de l'Arsenal, au Muséum d'histoire naturelle.

Deux salles, d'ailleurs, les deux vestibules qui forment les deux ailes du Trocadéro, suffisent à contenir toutes les collections relatives à la Polynésie, à l'Afrique, à l'Europe et à l'Asie. Nous aurions à signaler dans ces deux salles pas mal de pièces d'une réelle valeur. C'est même dans l'une d'elles que se trouve la série la plus complète que le musée possède. On voudrait y voir traiter tous les peuples comme l'a été le Bédouin errant du pays Comali.

A côté d'un mannequin de grandeur naturelle, représentant fidèlement ce Bédouin avec ses vêtements, ses parures, ses armes, se trouve la tente qu'il habite, dressée sur un sol de sable, meublée de tous ses ustensiles, exactement à leur place habituelle, les étoffes, les sièges, les marmites de terre sur leurs trépieds au-dessus des foyers, etc. Le visiteur peut ainsi juger d'un coup d'œil des conditions matérielles de sa vie. Il ne voit pas seulement tous les objets qui servent à son vêtement, à sa parure, à son campement, à sa cuisine etc.; il reconnaît aussitôt la destination exacte de chacun d'eux et le rôle plus au moins important qu'ils ont habituellement à jouer.

Parmi les objets d'Océanie de la collection de M. Pinart, se trouve un petit modèle des grandes statues de pierre, visages humains plats sur un tronc élevé, qui se trouvent dans l'île de Pâques, perdue au milieu du Pacifique. Ces statues, dans un pays sans métaux au milieu d'un peuple barbare, ont longtemps été une énigme pour les voyageurs. M. A. Pinart a révélé le premier qu'elles avaient été travaillées avec des outils de silex, d'obsidienne, dont il a recueilli les échantillons à leur pied.

Tout le reste du musée, sa partie essentielle et qui en fait tout le corps, est consacrée à l'Amérique. Et encore la plupart des objets qu'il renferme, relèvent de l'archéologie américaine. Les anciennes civilisations de l'Amérique du Centre, de l'Ouest et du Sud présentent en effet à l'ethnographie une foule de problèmes du plus haut intérêt. Et c'est surtout à réunir les matériaux nécessaires à leur solution, que se sont appliqués la plupart des voyageurs. Parmi ces matériaux, nous signalerons en première ligne les morceaux de sculpture apportés du Mexique ou du Pérou ou reconstitués à l'aide d'estampages faits sur place : Porte du soleil à Tiahuanaco; Bas-relief sculpté sur un *angle de rocher* à Tula, Sanctuaire du soleil à Palenqué (Chiapas), colonne de *granit* des galeries souterraines de Chavin de Huantar (Haut-Pérou) ornée de têtes et d'enroulements de serpents en relief, Tête en *granit* de Huari, tête d'une statue en *porphyre* estampée à Collo-Collo, bas-relief en *granit* estampée au Pashach (Haut-Pérou), etc., etc.

C'est surtout la vue de ces sculptures ornant les édifices ruinés des villes disparues ou détruites au moment de la conquête, qui a fait croire à l'origine plus ou moins égyptienne des civilisations qui les ont élevées. Mais abstraction faite de l'impossibilité de trouver la moindre preuve matérielle en faveur d'une semblable hypothèse, cette ressemblance, d'ailleurs assez vague, est due à la pauvreté des moyens et surtout à la simplicité des procédés d'exécution. Nous pensons bien, quant à nous, que les anciens Égyptiens connaissaient le fer, et leurs sculptures sont bien supérieures.

Les anciens Américains, au contraire, ne le connaissaient certainement pas. Et c'est pour cela qu'il est vraiment curieux d'étudier comment ils sont arrivés à travailler les pierres les plus dures.

Pour les bas-reliefs, le granit ou le porphyre était, selon M. Soldi, scié en plaques avec du fil d'agave et de l'émeri. Un dessin grossier du contour indiquait la partie de l'épaisseur à enlever. Celle-ci était obtenue, soit par le sciage de certaine portion que l'on éclatait habilement, soit par le martellement à l'aide d'une pointe de silex; enfin, à l'aide de pierres plates ou polissoirs et d'eau mêlée d'émeri on frottait la surface des plans, de manière à enlever la trace des éclatements et du martellement.

Pour les grandes statues, le Péruvien a été obligé, non seulement, comme l'Égyptien, de lier les jambes et les bras au corps, d'esquiver tout mouvement, mais encore de s'en tenir aux formes d'un poteau en bois, régulièrement équarri, pour simuler des jambes, un torse, des bras. La tête sera un gros bloc carré, aux quatre faces duquel quelques traits grossiers permettront de deviner une coiffure; deux trous formeront les yeux, deux saillies carrées les oreilles, une saillie triangulaire le nez.

Le visiteur du musée du Trocadéro pourra voir par lui-même dans quelle mesure cette description est exacte. Il remarquera aussi, sur les bas-reliefs du sanctuaire du soleil de Palenqué, la forme particulière du front des prêtres. D'autres figures de ce genre relevées aussi à Palenqué prouvent que les microcéphales y étaient l'objet d'un culte. Mais les prêtres étaient plutôt des individus à crâne déformé. Un buste, situé dans une des petites salles du musée, permet de se rendre compte de la nature de cette déformation propre aux Aymaras du Pérou en particulier.

Il serait difficile à ceux qui ne les ont pas vues de se faire une idée du nombre et de la variété des poteries de l'Amérique. Ce sont elles qui caractérisent au plus haut point ses anciennes civilisations.

Auprès de tous les anciens pueblos, villages dont les habitants, entassés dans d'énormes constructions en briques ou sur des roches creusées, vivaient en communauté, dans la Californie, le Nevada, le Nouveau-Mexique, etc., on rencontre en nombre prodigieux des tessons de poterie peinte. Dans le Nicaragua, les habitants se procurent encore, en fouillant la terre, les vases nécessaires à leur ménage, etc. Tous les tumulus, tertres funéraires, tertres à sacrifice, etc., etc., de l'Amérique du Nord, renferment aussi des milliers de spécimens de poterie.

Leur type s'est répandu jusque dans le Sud,

jusque dans les régions encore inexplorées de la République Argentine. Et dans ces régions on en a trouvé d'assez grands pour contenir, tombé d'un nouveau genre, des momies entières.

Ces poteries, aux formes souvent bizarres, représentent toutes sortes d'animaux et l'homme lui-même. Le musée du Trocadéro en renferme une collection très suffisante. Nous y remarquons une statuette de femme, une statuette d'un singe à queue, des urnes à visage humain, au-dessous du col, avec des mains croisées sur la panse, rappelant des types de l'Europe, un vase à petit goulot, avec un poisson plat, peint sur une énorme panse, un autre vase avec crabe, etc.

On sera certainement surpris de la perfection pour ainsi dire irréprochable de ces représentations et de leur variété voulue, cherchée, travaillée et puisée dans l'imitation de la nature animée. Elles forment l'ensemble peut-être le plus curieux du musée.

Au milieu de cet ensemble, quelques vitrines ont été réservées à l'ethnographie de quelques-uns des peuples actuels, notamment de la Guyane, du Brésil, du Venezuela, etc. Des bustes ou des statues de grandeur naturelle représentent à côté quelques-uns de leurs types d'une façon assez fidèle, mais, il nous semble, sous le beau côté. On pourra cependant admirer la laideur repoussante du Botocudos, avec sa rondelle de bois sous la lèvre inférieure ; l'Aymara, au crâne déformé par compression sur le front et sous l'occiput, etc.

En voilà assez pour donner envie de voir par soi-même. Nous souhaiterons en terminant et que toutes les collections actuelles soient complétées et classées, celles qui existent notamment sur l'Asie, et que ce classement ne se fasse cependant pas de telle sorte, comme dans tant de musées, qu'il soit aussi difficile de découvrir les objets qu'on veut étudier que d'aller les chercher dans les régions d'où ils proviennent.

5 mai; 7 juin.

XVII

Accroissement de la population nègre aux États-Unis. — Du mouvement de la population nègre en Afrique et de son acclimatement en Amérique.

Les États-Unis de l'Amérique du Nord ont procédé, au mois de juillet 1880, au dénombrement décennal de la population. Le recensement de 1790 (le premier qui ait été fait) accusait une population de 4 millions d'habitants ; celui de 1880 en accuse une de 50,152,559. Dans les premières années du siècle prochain la population des États-Unis aura ainsi atteint, d'après des calculs modérés, 100 millions, alors que si la natalité française continue à être aussi basse que nous le voyons, nous compterons à peine 40 millions d'habitants.

Il est un fait considérable que signale pour la première fois le recensement des États-Unis, et qui vient d'être l'objet de l'attention particulière des démographes et des anthropologistes, c'est l'accroissement de la population nègre. Les nègres étaient au nombre de 4,880,000 en 1870 aux États-Unis. Ils se sont retrouvés 6,577,151 en 1880, c'est-à-dire augmentés de 35 0/0. M. le docteur Chervin a constaté que cette augmentation est proportionnellement supérieure à celle des blancs dans le même pays. S'il était pourtant un fait généralement reconnu, c'est qu'en présence de races supérieures les races inférieures s'arrêtaient dans leur développement et ne tardaient même pas à dépérir. Faut-il voir dans le cas des nègres citoyens des États-Unis une preuve contre ce fait? Cela pourrait sembler douteux.

Un travail fort étendu vient d'être consacré à cette question par M. le docteur Corre (1). Cet auteur étudie d'abord la race noire dans son milieu d'origine. Et dans cette première étude il découvre un fait assez inattendu ; c'est que les nègres n'offrent pas dans leur propre pays, plus de résistance que les blancs, sauf les cas d'épidémie de

(1) De l'acclimatement dans la race noire africaine, 1882.

fièvre jaune et d'infection paludique, vis-à-vis desquelles ils jouissent d'une véritable immunité. Les difficultés du climat pour les blancs devraient, semble-t-il, au moins compenser le défaut absolu d'hygiène et l'incurie des nègres. Il n'en serait rien, paraît-il, et M. Corre va jusqu'à dire, en parlant de ces derniers : « Une population si rebelle aux améliorations que réclame l'hygiène, si insouciante de tous les progrès, en face de la civilisation européenne, ne peut être appelée à un grand développement, loin de croître en apparence, elle doit rétrograder, et, comme en Océanie, la mortalité doit s'y traduire par des chiffres très élevés. » Il ajoute, il est vrai, « qu'il n'est pas facile de le démontrer par des statistiques ».

Cependant, il peut établir, à l'aide de chiffres précis, que, dans les grands centres occupés par les Européens, et par exemple à Saint-Louis, la mortalité des nègres l'emporte sur leur natalité, bien que les conditions d'existence n'y soient pas moins favorables pour eux qu'ailleurs, au contraire (1) Le chiffre moyen des naissances est en

(1) Puisqu'on y a introduit la vaccine qui les préserve d'épidémies qui les déciment énormément chez eux. L'alcoolisme ne compense sans doute pas cet avantage.

effet à Saint-Louis de 3 3,3 pour 1,000 individus, tandis que celui des décès est de 43,2. L'accroissement de la population dans les grands centres occupés par les Européens est donc le fait d'immigrations. M. Corre pense qu'il coïncide probablement avec un amoindrissement corrélatif des agglomérations de l'intérieur. On peut donc se demander, dit-il, si le noir africain, lui aussi, n'est pas appelé à disparaître devant les races européennes, bien loin d'être désigné providentiellement pour une sorte de régénération de celles-ci, comme l'ont avancé certaines théories fantaisistes.

Mais, pour notre compte, nous ne sommes encore nullement disposés à admettre une telle éventualité dans le domaine des choses positives. En tous cas, si l'on peut seulement l'exprimer, cela ne nous fait rien présager en faveur des moyens de résistance, de l'acclimatement et de l'accroissement de la population noire transportée hors de l'Afrique. M. Corre se montre donc assez pessimiste à son égard. Il l'étudie d'abord aux Antilles, et là il se retrouve en présence d'un premier fait fort peu d'accord avec ses prémisses ; c'est que, dans les Antilles espagnoles, les nègres semblent avoir prospéré. A Cuba, sur 1,500,000 habitants, on compte 284,000 nègres libres et mulâtres, et 400,000 nègres esclaves. A Porto-Rico, sur 650,000 habitants, il y en aurait près de la moitié de noirs, dont 31,000 esclaves en 1871. Peut-on attribuer le maintien et l'accroissement de cette population uniquement aux importations africaines ?

A la Guadeloupe, dans les Guyanes, cette population a diminué, il est vrai, mais elle semble avoir augmenté à la Martinique, et l'on ne sait rien de positif sur les républiques nègres de Saint-Domingue et d'Haïti. Cependant on peut prévoir que les nègres disparaîtront presque totalement des Antilles anglaises, et M. Corre ne craint pas de formuler les conclusions suivantes : 1° Sur la bande isotherme qui répond, en Amérique, à sa patrie d'origine, le nègre ne paraît pas avoir prospéré ; 2° s'il donne une mortalité moindre, depuis l'abolition de l'esclavage, sa natalité demeure en général insuffisante pour le maintien indéfini de sa race ; 3° les croisements avec les races indigènes ne semblent pas avoir donné naissance à des produits doués d'une grande résistance, et surtout d'une grande aptitude sociologique ; 4° les croisements avec l'Européen ne paraissent susceptibles de contribuer à l'extension de la population que là où ce dernier est devenu propre aux climats chauds ; 5° partout la supériorité de résistance du nègre sur le blanc se rattache à ses immunités vis-à-vis de la fièvre jaune et de la fièvre paludéenne ; il conserve d'ailleurs les mêmes prédispositions morbides qu'à la côte d'Afrique, et quelques-unes se sont accrues.

Comment faire accorder ces conclusions avec ce qui se passe aux États-Unis et ce qui s'est passé de tout temps au Brésil.

M. Corre se borne à élever des doutes sur l'accroissement de la population nègre au Brésil. Il reconnaît purement et simplement le fait de son acclimatement aux États-Unis. Et les remarques qu'il ajoute confirment les observations premières dont nous l'avons accompagné. « La population noire offre un plus grand déchet dans les États du Sud que dans les États du Centre. Probablement parce que le nègre n'a pas acquis dans les États du Sud la considération qui, partout ailleurs, peut améliorer ses conditions d'existence, le relever à ses propres yeux, l'arracher à son insouciance, à sa paresse et à l'ivrognerie. »

C'est donc peut-être dans cet ordre de considérations qu'il faut chercher les principales raisons de sa prospérité aux États-Unis. Il y a longtemps en effet que l'on a observé que, dans ce pays de liberté et de mœurs démocratiques, le crâne plus capace du nègre témoignait lui-même d'un accroissement de son intelligence. Il y est mieux en état qu'ailleurs de combattre les causes de maladie et de mort par l'hygiène et les soins médicaux. Il a acquis ainsi quelques-uns des avantages du blanc. D'après M. Corre, il aurait en revanche perdu de son immunité vis-à-vis de la fièvre jaune et des fièvres paludéennes.

Cette adaptation ne peut d'ailleurs pas avoir une portée aussi considérable qu'on a pu le croire. Il est évident que le besoin d'expansion du blanc empêchera un jour ou l'autre l'accroissement durable du nègre sous un climat tempéré, si, même en Afrique, et sous les tropiques le contact de l'un et de l'autre est funeste au dernier. Or, nous l'avons vu, c'est ce que croit M. Corre. Il se félicite donc de prévoir, pour un avenir plus ou moins éloigné, la disparition des populations noires, même sous les tropiques et en Afrique.

Pour notre compte cette prévision, à supposer qu'elle fût solidement fondée, ne nous causerait aucune joie particulière. Nous ne sommes pas de ceux qui ne voient de barbarie que hors de leur race et de leur pays.   1ᵉʳ mars 1882.

XVIII

Darwin et son œuvre.

Nos lecteurs connaissent déjà dans ses détails
l'événement considérable dont l'univers savant
est depuis quelques jours profondément ému.
Darwin est mort (1). Et nul, parmi tous ceux qui
ne sont pas restés complètement étrangers au
grand mouvement d'idées de la seconde moitié de
notre siècle, n'est resté indifférent à cette nouvelle. Soit qu'on ait approuvé, soit qu'on ait repoussé les conséquences de son système, nul, en
effet, ne peut nier qu'il ait fourni un admirable
instrument de recherche et qu'il ait déterminé le
renouvellement de toutes les idées, de toutes les

(1) Le 19 avril 1882.

doctrines, dans l'étude des êtres animés, dans celle de l'homme et même des sociétés. De plus, il nous a offert cet exemple si rare, sinon unique, en science comme en philosophie, d'avoir vu de son vivant et avec une rapidité surprenante, le triomphe presque complet de ses idées. Et ce succès ne lui a jamais suscité aucun détracteur, aucun ennemi, car dans son plus brillant éclat, il n'a cessé de nous fournir un modèle admirable de modestie, de probité intellectuelle, de loyauté. Dans un article encore peu ancien, nous avons déjà, pour ainsi dire, résumé sa vie, car l'histoire de sa vie, c'est celle de ses œuvres. Et nous n'aurions pas non plus grand'chose à y ajouter si nous voulions nous borner à l'analyse rapide de sa doctrine.

Reçu docteur à vingt-deux ans, il partit sur le *Beagle*, sous le commandement du capitaine Fitzroy, à vingt-six ans, et parcourut ainsi, dans le cours de plus d'une année, le Brésil, la Terre-de-Feu, la côte occidentale de l'Amérique du Sud, les îles du Pacifique. Il en rapporta une moisson abondante de faits. Et l'on peut dire que dès ce moment son génie d'observation fut développé et qu'il se forma de la nature une intelligence nouvelle particulièrement vive. Après la publication de ses voyages, il s'adonna toutefois presque ex-

clusivement à des travaux d'une nature tout à
fait spéciale. On cite surtout parmi ces travaux
une importante monographie sur les *Cirripèdes*
ainsi que sur leurs représentants fossiles.

Il continua aussi sans doute de réunir les matériaux de son grand ouvrage. Mais, nous l'avons
dit, sa crainte d'émettre des théories trop hâtives
et de se briser contre l'inattention ou la raillerie
d'un public rebelle à sa démonstration et prévenu
contre ses idées, lui fit garder le silence.

Longtemps donc quelques amis furent seuls à
connaître toute sa valeur intellectuelle, l'originalité de ses recherches, la sagacité de ses observations.

Mais, en 1859, sir Alfred Wallace, bien connu
pour ses voyages dans les terres du Pacifique et
notamment dans la Malaisie, communiqua à
Ch. Lyell, le géologue illustré qui lui-même a introduit le principe de l'évolution dans l'histoire
de la terre en rejetant pour jamais l'intervention
des grandes catastrophes de Cuvier, — il lui communiqua pour être présenté à l'Association bri-
tannique pour l'avancement des sciences, un
mémoire sur la tendance des variétés à s'écarter
indéfiniment du type primitif. Il y formulait
complètement la loi de sélection et de divergence

des caractères; mais, d'ailleurs, sans en reconnaître toute l'immense portée. Or, c'est à la démonstration de cette loi que Darwin travaillait depuis tant d'années. Sir Ch. Lyell l'engagea à ne pas se laisser devancer par son jeune émule. Et c'est à cette circonstance que nous devons la publication de l'*Origine des espèces*.

Il entra ainsi d'un seul coup dans la célébrité à l'âge de cinquante ans. Son ouvrage était cependant assez réservé dans ses conclusions. L'auteur n'y touchait à aucune des conséquences ultimes de son système ; et il n'étendait pas encore à l'homme ses lois de concurrence vitale et de transformation. Tout le monde néanmoins en sentit la portée immense et en reconnut la solidité à l'abondance simple des faits qui y étaient accumulés. Et d'autres savants ne tardèrent pas à s'en servir comme d'un point de départ pour la construction d'un édifice plus hardi.

En réalité, sous la forme sévère d'une question d'histoire naturelle, traitée sans aucune emphase, par l'examen et l'exposition habile de faits clairement et simplement analysés, c'était le problème agité de tout temps par l'esprit humain qui était résolu, le plus grand des problèmes, celui des origines et de la destinée des êtres, l'homme compris. Au créationisme naguère et encore aujourd'hui maître de la plupart des esprits, c'était le transformisme qui était triomphalement opposé.

Le créationisme c'est cette conception, assise naturelle et première de toute théologie, d'après laquelle chaque forme vivante est un type immuable, une pensée divine, une idée réalisée dans le temps par une puissance surnaturelle qui la produit, à son jour, à son heure, dans son milieu et à l'état parfait. La science n'a qu'à reconnaître son incompétence pour juger de la loi d'apparition de ces formes, de leur conservation, de leur transformation.

Le transformisme relève au contraire de la conception, purement naturaliste, vraiment philosophique, d'après laquelle, toutes les formes de la vie dérivant les unes des autres, ont apparu successivement dans le temps et se sont répandues dans l'espace en se perfectionnant sans cesse et en s'adaptant de mieux en mieux aux divers milieux où elles vivent ; elles sont l'œuvre de la nature aveugle et fatale, agissant au moyen de causes secondes et contingentes : elles n'ont pas toujours existé, n'existeront pas toujours et par leur origine, leur commencement, elles sont unies et identiques avec les autres phénomènes naturels et matériels qui les ont produites.

C'est surtout en Allemagne que l'ouvrage de Darwin a été accueilli avec ce sentiment élevé de son importance. D'habiles vulgarisateurs le firent connaître au public, et le célèbre professeur d'Iéna, Hœckel, entreprit d'établir d'après ses bases un système complet de classification généalogique de tous les êtres vivants. C'était extrêmement hardi, nos connaissances en paléontologie étant encore bien trop insuffisantes. Mais Hœckel, pour découvrir les rapports de descendance des espèces, se servit autant de l'embryologie que de la paléontologie, la vie individuelle à l'état embryonnaire apparaissant dès lors nettement comme une répétition abrégée de la vie de l'espèce. Il obtint ainsi en bien des points une succession très régulière des formes graduellement changeantes de la vie. Et si sa tentative nous apparaît encore en bien des parties comme fort hasardeuse, en déterminant en dés termes précis les affinités intimes et les différences des espèces entre elles, il a contribué largement à provoquer de fécondes recherches qui, ayant un objectif très net, donnèrent, dans un sens négatif ou confirmatif, des résultats immédiats.

Darwin s'était borné à avancer que toutes les espèces animales et végétales devaient descendre d'un petit nombre de formes très simples. Hœckel ramena tous les animaux et toutes les plantes, d'échelons en échelons, à travers les temps géologiques, à une forme unique, celle des Protistes, dont il fit un nouveau règne intermédiaire ; celle des amibes, petites masses gélatineuses informes et sans membrane d'enveloppe, qui se trouvent dans les sables de la mer.

Cependant Darwin, avec cette absence d'affectation qui a provoqué le respect même chez ses adversaires, ne lui infligea aucun désaveu (1). Loin de là, en quelques mots brefs, il reconnut pater-

(1) Hœckel a raconté depuis, qu'étant allé le visiter une première fois dans sa calme et riante campagne de Down, en 1866, « il avait reconnu sans hésiter la nécessité d'étendre à l'homme la doctrine du transformisme ». « Ce fut pour moi, dit-il (1882. Association des naturalistes allemands. Congrès d'Eisenach), une vive satisfaction, après lui avoir expliqué mes tableaux généalogiques, déjà esquissés, d'obtenir son assentiment sur tous les points essentiels. Bien qu'étranger aux études spéciales d'anatomie comparée et d'ontogénie sur lesquelles reposent mes ébauches philogénétiques, Darwin en reconnut pleinement la valeur. Aussi, dans son célèbre ouvrage en deux volumes sur la descendance de l'homme et la sélection sexuelle (1871), s'est-il déclaré d'accord avec moi sur toutes les questions fondamentales, » etc.

nellement le mérite comme la hardiesse de cette belle synthèse. Elle n'était après tout d'ailleurs que le résultat de l'application de tous ses principes. Lui-même il avait déclaré, et à ce moment c'était vraiment une vue de génie, que « les caractères embryologiques sont les plus importants de tous pour la classiflcation des animaux. » Il avait même laissé échapper cet aveu que l' « analogie le conduirait à la croyance que tous les animaux et toutes les plantes descendent d'un seul prototype ». Et il serait possible de trouver dans son livre fondamental de l'*Origine des espèces* le germe de tous les développements ultérieurs de sa doctrine.

Devant le succès de son premier effort, poursuivant son œuvre, déjà si solidement assise, serrant sans cesse de plus près le problème de la transformation des espèces, après une série nombreuse d'ouvrages sur le mode de fécondation des plantes et le rôle indispensable des insectes dans l'exercice de cette fonction, sur les variations des animaux et des plantes sous l'action de la domestication (1868), il s'attaqua enfin à l'homme.

Ses études sur ce point capital, qui pouvait être pour lui un écueil, forment deux ouvrages également traduits en français : *La descendance de l'homme et la sélection sexuelle* (2 vol. gr. in-8°) et l'*Expression des émotions chez l'homme et les animaux* (1 vol. gr. in-8°), dont l'apparition en Angleterre date de 1871 et de 1872. Nos lecteurs en devineront les tendances sans que nous en donnions l'analyse. Ses arguments tirés de la comparaison de l'expression des émotions chez l'homme et les animaux ont frappé surtout par leur nouveauté et leur originalité, car ils appartiennent à un ordre de faits qui avaient jusque-là été complètement négligés. Nous n'insistons pas; ce n'est pas le moment.

Ce sont peut-être moins les doctrines de Darwin, qui toutes avaient été auparavant exprimées partiellement par différents précurseurs, que l'ingéniosité de son puissant esprit qui a su tout féconder et renouveler autour de lui que nous voudrions proposer à l'admiration de nos lecteurs. Il est en effet vraiment singulier comment, entre ses mains, les faits devant lesquels nous passons aveugles ou indifférents, prennent un relief et se découvrent dans leur enchaînement et leurs con-séquences les plus lointaines. Et cela n'est point obtenu par des artifices de style, mais vient de soi-même par l'exactitude, la sagacité et le nombre des observations simplement exposées.

Tous les sujets qu'il a traités ont ainsi été marqués pour jamais à son nom. En dernier lieu encore, dans un travail sur les *lombrics terrestres*, dont il sortait à peine à sa mort, on a pu s'émerveiller de ce rare talent. C'est par lui que l'on a appris pour la première fois, malgré tant d'observations anciennes, que nos vulgaires vers de terre ont joué dans le cours des temps géologiques et jouent encore aujourd'hui un rôle prodigieux, notamment dans la formation de la terre végétale. Et c'est presque avec surprise que nous l'avons vu nous le démontrer par l'analyse de faits très simples que nous aurions pu observer nous mêmes tous les jours.

Nous éprouvons quelque peine à rappeler, en terminant, que la candidature de cet homme de génie au titre de correspondant a été repoussée, il y a quelques années, par l'Académie française des sciences (1872 et 1873 dans la section de zoologie ; il fut nommé en 1878 seulement dans celle de botanique). Il sera cruel à ceux qui n'ont pas voulu devenir ses collègues d'entendre proclamer que rien cependant n'a manqué à sa gloire (1).

26 avril.

(1) Darwin, on le sait, a été enterré avec les cérémonies du culte anglican. On en a profité (non sans motif) pour

contester son indépendance vis-à-vis de toute croyance au surnaturel. Mais le professeur Hæckel a fait connaître depuis la lettre suivante écrite et signée de sa main, à un étudiant d'Iéna qui l'avait interrogé avec insistance :

Down, 5 juin 1879.

Cher monsieur.

Je suis très occupé ; je suis vieux, j'ai une mauvaise santé, et je ne saurais trouver le temps de répondre complètement à votre question, en supposant qu'on puisse y répondre. *La science n'a rien à faire avec Christ,* sauf en ce point que l'habitude des recherches scientifiques rend un homme difficile en fait de preuves. En ce qui me concerne, je ne crois pas qu'il y ait jamais eu une révélation. Quant à une vie future, chacun doit se décider pour son compte entre des probabilités vagues et contraires. »

Charles Darwin.

En outre, dans une conversation avec le Dr Büchner et M. Aveling, il aurait dit : « Mes idées sont les vôtres, mais je préfère le mot d'*agnostique* à celui d'athée. Je ne me suis détaché du christianisme qu'à l'âge de quarante ans... Je m'en suis détaché parce qu'il ne repose pas sur des preuves. »

14

XIX

I. — Les grands travaux publics. — Paris port de mer. — II. Du rôle de l'association dans le développement de la vie. — La symbiose.

I. — Le temps est aux grandes entreprises de travaux publics. Et depuis le succès du percement du canal de Suez, on parle comme d'une bagatelle de créer des mers, de couper des isthmes, de joindre des continents, de supprimer des détroits, etc.

Le fait est que l'on dispose aujourd'hui de tant de moyens d'action et de si puissants capitaux que l'on peut dire que tout se résout à une question de dépenses et de profits. Ces derniers compenseront-ils les premières, cela payera-t-il, demandent les Américains. A cet égard, nous sommes devenus prodigieusement américains.

Pour ne parler que des projets en cours d'exécution, ou sérieusement mis à l'étude, nous voyons aujourd'hui que deux isthmes sont sur le point de disparaître, celui de Panama et celui de Corinthe, que l'Angleterre ne tardera pas à être réunie au continent par une voie souterraine, que de vastes espaces sableux seront peut-être d'ici quelque temps recouverts par les eaux de la Méditerranée, enfin que le *Paris port de mer* tant de fois mis sur le tapis va presque immanquablement cesser d'être une chimère.

Le percement de l'isthme de Corinthe n'aura d'autre résultat que d'abréger la durée de la navigation, de l'Italie vers la partie orientale de la Méditerranée, vers Athènes, Constantinople, Smyrne. La capitale de la Grèce pourra peut-être en retirer quelque profit.

Le percement de l'isthme de Panama aura une bien autre importance. Toute cette partie occidentale de l'Amérique, en train de devenir si populeuse et si riche et dont les relations avec l'Europe sont aujourd'hui si indirectes et si rares, se trouvera singulièrement rapprochée des centres européens. Il est présumable aussi que cette voie sera d'une grande utilité pour l'Angleterre qui a d'importantes colonies sur les côtes de la Chine (1).

L'opposition un instant soulevée contre la construction du tunnel sous-marin de la Manche tombera d'elle-même, croyons-nous. Elle a d'ailleurs paru bien ridicule. Mais lorsqu'on la voit appuyée par de grands esprits, il faut bien se dire qu'elle n'a pas été inspirée que par des idées mesquines. Une nation absolument soustraite aux soucis de guerres nationales possibles, indépendante de toute tentative d'intimidation de puissances militaires et qui peut toujours ainsi servir de refuge à la pensée libre, est en effet en état de rendre d'incalculables services au progrès humain.

Quant au projet de *Paris port de mer*, la Société de géographie commerciale vient de prêter sa tribune pour son exposition et sa défense. D'après M. Bouquet de la Grye, il se résume à la question de savoir si la Seine offre à son embouchure un tirant d'eau de six mètres, et si on peut

(1) On l'ignore trop. Ces colonies sont des intermédiaires naturels pour la pénétration des deux mondes, chinois et européen. Il existe à Shangai, Fow-Chow, Canton, etc., des journaux et des revues anglaises telles que la *China-Rewiew* bien connue, qui nous font connaître les Chinois, et des revues chinoises qui font connaître les Européens aux Chinois.

le créer en amont jusqu'à Paris. Et cette question, M. Bouquet de la Grye la résout affirmativement. Des dragages, depuis longtemps réclamés, en amont de Quillebeuf jusqu'à Rouen, pourront suffire. La Seine, d'ailleurs, est un des fleuves qui entraînent le moins de matériaux à la mer. Pour assurer à son embouchure la profondeur nécessaire, et même gagner 1 mètre 50, on rétablirait un atelier de broyage déjà expérimenté, qui réduirait en boue les apports du fleuve et les rejetterait dans les grands fonds.

Les difficultés sérieuses ne se rencontreraient qu'entre Rouen et Paris. M. Bouquet de la Grye les réduit pourtant à un creusement de 15 mèt. 40 en aval de Poissy. Le fond de la Seine à Poissy, dit-il, est élevé de 15 mètres au-dessus du niveau moyen de la mer. La cote que l'on trouve par le calcul pour le plan d'eau d'un canal aboutissant à la Manche est de 4 mètres 81, c'est-à-dire que le canal proposé doit rester à 10 mètres 20 au-dessous du fond du lit actuel. Tel est le creusement à effectuer. Ce n'est point un fossé où disparaîtront les navires : au point le plus en amont, en s'élevant quelque peu au-dessus de la dunette du navire, on sera à la hauteur des berges. Le courant calculé restera faible parce que la largeur

14.

moyenne sera de 47 mètres 70 et la profondeur de 6 mètres 20.

Le port de Paris serait, une fois ce projet réalisé, établi à Poissy, à 20 kilomètres de son enceinte. Mais on se propose de le rapprocher davantage et on a dressé les plans d'un embranchement qui déboucherait dans la plaine de Gennevilliers. Cela ne pourrait se faire, il est vrai, que par un escalier d'écluses.

Le prix du creusement du port de Poissy serait relativement peu élevé (200 millions) et il entraînerait la création d'une chute d'eau de 15 m. 40, par suite de la dénivellation du fond de la Seine. Cette chute donnera en moyenne une force de 60,000 chevaux ; les usines de la banlieue et de Paris pourront y puiser, le jour, la force de leurs machines, la nuit, l'éclairage de la ville.

Pour payer les frais de l'entreprise, un commerce de deux millions de tonnes à l'entrée et à la sortie suffirait. Or, le commerce 'du port de Londres est de quinze millions de tonnes, et le port de Paris deviendrait à coup sûr un centre important, en particulier pour les raisons suivantes : Le prix du transport d'une tonne de marchandises partant de New-York et arrivant à Strasbourg est, viâ Anvers, de 51 fr. 80 ; viâ Dunkerque, de 57 fr. 30 ; viâ le Havre, de 56 fr. 36 ; viâ Rouen, de 58 fr., et viâ La Rochelle, de 57 fr. L'avantage est donc à Anvers. Par Paris, port de mer, le prix du même frêt descendrait à 48 fr. 70.

L'ouverture du port de Paris nous amènerait donc le commerce en transit du centre de l'Europe, qui appartient aujourd'hui à Anvers.

L'accroissement qui en résulterait pour Paris est incalculable. Ce n'est pas trop dire qu'il atteindrait rapidement celui de Londres.

M. Bouquet de la Grye pense en outre que le camp retranché autour de Paris en serait singulièrement fortifié. Car son ravitaillement pourrait toujours et facilement être effectué par la nouvelle voie. Enfin, la présence constante de navires si près du centre principal de la France, en vue de Paris, et le mouvement qu'elle entraînerait, éveilleraient le goût des grands voyages et détermineraient des émigrations bien utiles pour l'expansion de l'influence de la France et la puissance d'accroissement aujourd'hui bien molle de sa population (1).

(1) Dans la dernière séance de l'Académie de médecine, M. le docteur Lagneau faisait, à propos d'un travail sur la population de la Marne, remarquer qu'en cinq ans, la France a vu s'accroître le nombre de ses habitants de

II. — Nous avons déjà à maintes reprises fait allusion au rôle de l'association dans le développement de la vie : Ce n'est pas toujours entre les individus isolés, avons-nous eu occasion de dire, que s'exercent utilement les lois de la concurrence vitale, de la lutte pour l'existence.

Outre qu'il n'est pour ainsi dire pas d'espèces qui ne soient dans une mesure grandement intéressées à la prospérité de telles ou telles autres espèces, des groupes d'individus de même espèce sont dans des conditions telles que l'existence de chacun d'eux est étroitement dépendante de celle des autres. M. Edmond Perrier, en dernier lieu, a montré ce rôle de l'association et indiqué que celle-ci était en réalité un des modes essentiels de transformation des espèces. Nous avons été des premiers à signaler son ouvrage.

On a préconisé, disions-nous, l'état de lutte comme le seul normal, le seul qui puisse préserver les existences et garantir leur avenir, le seul qui ait engendré la variété et les divergences fécondes, le seul d'ailleurs dans lequel, volontairement ou non, nous devions toujours vivre. Et la théorie darwinienne a paru tellement

415,398 et que ce chiffre portait exclusivement sur 40 villes de plus de 30,000 habitants.

identifiée avec ces idées, que des esprits émi-
nents l'ont repoussée à cause d'elles. Tous les
efforts de la solidarité humaine, disaient-ils, n'é-
taient donc que folies !... Eh bien ! il faut en ra-
battre de ces idées qui, dans leur forme toujours
trop exclusive, sont en effet, à notre sens, contraires aux principes vitaux des sociétés les plus
avancées, des sociétés démocratiques d'où doivent être exclus tous les subterfuges menteurs,
le principe d'obéissance aveugle et le vieux jeu
des gouvernements providentiels. Sous la loi de
concurrence vitale, il s'en trouve une autre, en
apparence précisément opposée, qui a tous les
mêmes effets. Par la solidarité, par l'association,
l'aide mutuelle, le dévouement réciproque, la
fusion des intérêts et des individus, on voit
s'accomplir les mêmes différenciations, le
même développement évolutionnel, les mêmes
progrès que par la lutte infinie et la perpétuelle
insolidarité qu'elle implique.

Pour ne prendre en exemple que des êtres tout
à fait inférieurs où le phénomène n'est pas une
conséquence accidentelle et s'observe le plus nettement, parmi les Hydraires, l'*Hydractinia echi-
nata* forme des colonies où des individus, primitivement semblables, ont des fonctions dis-

tinctes; les uns deviennent préhenseurs, les autres nourriciers, les autres reproducteurs, etc. Chacun d'eux s'adaptant de plus en plus à sa fonction particulière peut de moins en moins se suffire à lui-même et tous ensemble tendent ainsi à former un être nouveau où les individus associés ne sont plus que les membres et les organes d'un même individu. La transition se suit parfaitement chez les *siphonophores*, etc., et enfin chez la *porpite*, qui a tous les caractères d'un animal indécomposable.

Ces faits trouvent leurs analogues même dans nos sociétés.

En tant que mécanismes de la formation de nouvelles espèces avec des espèces plus simples, ils sont peut-être dans le monde inférieur d'une nature moins générale que d'autres du même genre étudiés sous le nom de symbiose (1). La symbiose est l'union avantageuse de deux espèces, formant, par leur dépendance, des espèces nouvelles. On sait ainsi depuis longtemps (V. Marion et Saporta, *les Cryptogames*) que les lichens, si communs, sont des associations d'algues et de champignons, les derniers

(1) *Revue internationale*, de M. de Lanessan, 1831, 1882.

vivant presque en parasites sur les premières.

Parmi les rhizopodes, les infusoires, les spongilles, les hydres, les turbillariés marins, il est des espèces qui renferment dans l'épaisseur de leur tissu des corpuscules chlorophylliens semblables à ceux des végétaux. On a longuement discuté sur la nature de ces corpuscules. M. Brandt, de Berlin, les a mis en liberté, en écrasant les animaux qui les contenaient. Et il a reconnu (1882) qu'ils n'étaient point uniformément colorés, mais présentaient un noyau entouré de protoplasma hyalin, et qu'ils étaient en conséquence des êtres unicellulaires, morphologiquement autonomes. Certains d'entre eux vivent même isolés pendant des jours et des semaines, et développent de l'amidon à leur intérieur, si on les expose à la lumière. M. Brandt les rapporte au groupe des algues et distingue parmi eux plusieurs espèces, spéciales chacune à différentes catégories d'animaux. Ces espèces d'algues, selon lui, ne sont d'ailleurs pas des parasites, car elles produisent elles-mêmes des matières organiques et contribuent ainsi à la subsistance des animaux dans l'intérieur desquels elles vivent.

Ces derniers, dit M. Brandt, tant qu'ils ne renferment que peu ou point de cellules vertes ou jaunes, se nourrissent, à la manière des animaux, de matières organiques solides; mais au contraire, ils se nourrissent à la manière des plantes, de matières inorganiques, dès qu'ils contiennent de ces cellules. Ils sont donc physiologiquement les parasites des algues qui semblent vivre à leurs dépens. Voilà une chose qui, jusque-là, n'était point soupçonnée, et un genre d'association nouveau bien curieux à étudier dans tous ses effets.

3 juin.

XX

I. — Encore la question des vidanges. — Nouvelles canalisations métalliques. — L'enlèvement des boues et des ordures de Paris. — II. La tuberculose est inoculable par la respiration des phthisiques.

I. — « La statistique a calculé que la France, à elle seule, fait tous les ans à l'Atlantique, par la bouche de ses rivières, un versement d'un demi-milliard. Notez ceci : avec ces cinq cents millions, on payerait le quart des dépenses du budget. L'habileté de l'homme est telle qu'il aime mieux se débarrasser de ces cinq cents millions dans le ruisseau. C'est la substance du peuple qu'emportent, ici goutte à goutte, là à flots, le misérable vomissement de nos égouts dans les fleuves et le gigantesque vomissement de nos fleuves dans l'Océan.

» Chaque hoquet de nos cloaques coûte mille francs : A cela deux résultats, la terre appauvrie et l'air empesté. La faim sortant du sillon et la maladie sortant du fleuve. »

Ainsi s'exprime Victor Hugo. Et sous son langage imagé, il est facile de reconnaître l'idée, la vérité dont Pierre Leroux avait fait tout un système social.

C'est peut-être là d'ailleurs le fait le plus frappant contre le système du *tout* à *l'égout*. Ce système a été préconisé, défendu avec énergie, notamment par M. Durand-Claye.

MM. Boutmy et Descourt, à propos de l'accident du boulevard Rochechouart en 1881, et pour se rendre compte du danger du déversement des vidanges à l'égout, ont placé divers animaux dans une cage hermétiquement close contenant des matières extraites d'une fosse. Ces animaux sont morts en trois minutes, empoisonnés par l'acide sulfhydrique. Mais M. Durand-Claye a fait remarquer que, dans ce cas, les matières étaient fermentées. Et de son côté, il a montré que les matières fermentées elles-mêmes, additionnées d'eau, perdaient en grande partie leur puissance toxique. Dans une série d'expériences avec des matières fraîches diluées avec de l'eau et sans dilution, des chiens en cage fermée, n'ont souffert dans tous les cas qu'après une inhalation de plus d'une heure. Il s'ensuit pour M. Durand-Claye qu'en évacuant immédiatement à l'aide de l'eau les déjections, en les entraînant sans aucune stagnation dans la masse des eaux d'égout, on obvie à tout danger.

Il a dressé d'ailleurs une statistique de la mortalité dans les villes qui, comme Londres, Édimbourg, Valence, Milan, Francfort-sur-le-Mein, Hambourg, Berlin, Dantzig, etc., ont adopté partiellement ou complètement le système du tout à l'égout. Il en résulterait que la mortalité et notamment la mortalité par fièvre typhoïde, diminue avec les progrès de l'application de ce système.

Mais il ne faut pas perdre de vue la situation particulière de Paris qui en fait une des grandes capitales où les conditions hygiéniques laissent le plus à désirer. Ses deux millions d'habitants sont entassés sur un espace relativement étroit, dans 73,000 maisons seulement, sur les rives d'un petit fleuve tortueux, loin de la mer. La question de ses égouts, de ses vidanges est particulièrement épineuse. Voilà longtemps que le conseil municipal la tourne et retourne sans pouvoir la résoudre. Si l'on veut éviter une des difficultés du système actuel, ce n'est souvent que pour se trouver en présence d'inconvénients nouveaux. Le système du tout à l'égout nécessiterait une beaucoup plus grande consommation d'eau, chose très utile, indispensable en soi dans les quartiers populeux. Mais à l'heure qu'il est les approvisionnements d'eau sont eux-mêmes insuffisants et l'on est déjà fort embarrassé de la quantité relativement petite des eaux d'égout. Ce n'est rien exagérer que de dire qu'une fois le système des fosses fixes supprimé on aura à déverser sur des terrains des environs de Paris cinq et six fois plus d'eau corrompue qu'aujourd'hui.

Toujours est-il que la commission (1), nommée pour étudier la question en 1880, lorsque tout Paris se plaignait des mauvaises odeurs dont il était infesté, avait-elle décidé « qu'elle ne pourrait approuver qu'un système de vidange par canalisation étanche à parois métalliques, qui aurait pour effet de supprimer toute communication entre les matières excrémentielles d'une part, et l'air et les terrains environnants d'autre part. Les conduites métalliques, reliées ensemble, empor-

(1) Elle comptait parmi ses membres : **MM.** Pasteur, Sainte-Claire Deville, Wurtz, Gavarret, Brouardel, etc.

teraient loin de la ville les matières de vidange en un lieu où se trouveraient réunies les usines installées pour faire subir à ces matières les transformations nécessaires. »

En conséquence de cette décision, le conseil municipal a autorisé le 2 août dernier M. Berlin à établir, pour en faire l'expérience, une première canalisation métallique. Cette canalisation a été établie de la place de la Concorde à l'usine de Levallois-Perret, sur un parcours de cinq kilomètres, et elle relie plusieurs immeubles, dont la caserne de la Pépinière qui loge mille hommes. Elle fonctionne depuis le 17 mars dernier ; et grâce à son mode de fonctionnement par le vide, elle a fait disparaître toutes les mauvaises odeurs qui infestaient notamment la caserne de la Pépinière, comme en général tout les quartiers militaires. Tout annonce donc qu'elle répondra admirablement à la double nécessité de nous débarrasser promptement et sans répandre de miasmes dans l'air, des matières de vidange, et en même temps de ne pas les faire perdre à l'industrie et au commerce.

Paris fournit aussi journellement des quantités considérables de boue et d'ordures. Ces matières sont également utilisées. On pourrait donc être

15.

surpris de voir leur enlèvement lui coûter relativement fort cher. Est-ce par l'effet d'une vieille tradition? Il paraît qu'au dix-septième siècle on s'était déjà occupé de l'enlèvement des ordures et que : en 1621, Salomon de Causs obtint la concession de ce service. On lui donna pour cela une indemnité annuelle de 60,000 livres et une gratification de 20,000 et il ne fit jamais rien enlever.

Avant 1870, on se le rappelle, les ordures étaient chaque soir déposées sur la rue en des tas que fouillaient plus de dix mille chiffonniers. Depuis le 11 septembre 1870 elles sont en général apportées de cinq à sept heures du matin dans des boîtes et vidées directement dans des tombereaux. A ces ordures fournies par soixante-quinze mille maisons se joignent les balayures des rues dont la superficie atteint onze millions de mètres carrés. Il y a donc à enlever environ chaque matin deux mille mètres cubes de boue et de détritus. Seize entrepreneurs sont chargés de cet enlèvement auquel ils emploient six cents tombereaux. Or, la ville ne leur donne pas moins de 620,000 francs pour cela. Le balayage lui coûte en outre 5,360,000 francs sur lesquels elle ne perçoit sous forme de taxes spéciales que 2,675,000 francs.

II. — La nature parasitaire de la phtisie n'a

peut-être pas été démontrée avec assez d'évidence comme nous le rappelions encore ces jours-ci. Il a cependant été institué des expériences qui tendent de plus en plus à prouver son caractère relativement contagieux. Et elles constituent un argument de premier ordre en faveur de la thèse de M. Toussaint.

Ces expériences étaient déjà indiquées dans un mémoire communiqué à l'Académie des sciences par M. Giboux, il y a plusieurs années (1878). Elles viennent d'être refaites dans des conditions plus rigoureuses par le même auteur et signalées de nouveau ces jours-ci à l'Académie (22 mai 1882). Elles nous paraissent avoir des conséquences assez graves pour que nous ne puissions pas nous dispenser d'en dire ici, dès maintenant, quelques mots.

Voici en quoi elles consistent : on met dans deux caisses différentes de jeunes lapins nés d'une même portée, de parents absolument sains. Et on leur fait respirer pendant plus de trois mois de 20 à 25 litres d'air expiré par des phtisiques à la deuxième ou troisième période. Seulement cet air infecté ne pénètre dans l'une des caisses qu'après avoir été tamisé sur du coton. Les lapins enfermés dans cette dernière caisse ne perdent rien de leur bonne santé, et leur autopsie à la fin de l'expérience démontre qu'ils n'ont aucune lésion. Les lapins de la caisse où l'air infecté pénètre directement perdent, au contraire, peu à peu leur appétit, prennent la diarrhée, maigrissent et finalement présentent à l'autopsie des tubercules dans le foie et la rate et surtout dans les poumons.

Qu'en conclure? Il est bien difficile d'échapper à la nécessité de reconnaître avec M. Giboux que la tuberculose est inoculable par la respiration des phtisiques. Faut-il s'en effrayer? Il nous semble que rien n'est changé pour cela aux conditions de notre existence. Or, rien n'est venu dans la pratique journalière, [démontrer que la phtisie pouvait se communiquer d'un individu à un autre. Il a fallu pour arriver à cette démonstration instituer des expériences délicates et compliquées. Il en résulte donc que son inoculation est difficile et réclame des conditions propres à la favoriser. Nous n'avons donc rien à en craindre si nous n'allons pas, pour ainsi dire, au devant d'elle.

9 juin.

XXI

I. — Au cours de l'exploration de l'Indo-Chine par diverses expéditions françaises qui ont illustré notamment Francis Garnier, on a découvert, au milieu des forêts inextricables du Cambodge actuel, les ruines admirables de villes opulentes qui, sans être bien anciennes, n'avaient cependant laissé aucune trace dans l'histoire ou le souvenir des populations actuelles. Cette découverté était vraiment étonnante, inspirait bien des réflexions mélancoliques et posait bien des problèmes. Ainsi un peuple, une civilisation, avait pu s'épanouir en une floraison magnifique d'architecture et d'art; et puis, les riches édifices de ces cités avaient été abandonnés; temples, palais, maisons, étaient devenus déserts, livrés à l'envahissement destructeur d'une végétation exubérante, sans qu'un nom même, un seul nom gravé sur une pierre ou retenu par la mémoire de quelque nation voisine, soit venu rattacher son existence pourtant brillante au reste de l'histoire humaine! Avec quelle facilité peut donc de la sorte s'anéantir le fruit de l'effort accumulé des collectivités humaines, si elles ne mettent pas un soin jaloux à le préserver de la barbarie sous toutes ses formes, de la guerre et de la superstition !

M. Delaporte, à la tête d'une commission nommée à cet effet, a rapporté des morceaux d'architecture et de sculpture arrachés à ces ruines du Cambodge (1874). Ils ont d'abord été installés au château de Compiègne et on a pu les voir au Trocadéro lors de l'Exposition universelle.

Une chose en eux pouvait être reconnue, frappait même tout d'abord, c'est leur caractère indien et bouddhique. L'examen de ces bas-reliefs permettait aisément de découvrir différentes scènes empruntées au Ramayana, le touffu poème

indien que Michelet mettait au-dessus de la Bible.
Rama emporté par le singe Hanouman, la mort
du roi des singes Hanouman, etc.

Le peuple des villes ruinées du Cambodge, le
peuple khmer, pour employer le nom qu'on lui
applique, mais qui n'est que l'abréviation du nom
Kammer que se donnent les Cambodgiens actuels,
se rattachait donc à la civilisation indienne et
bouddhique (1). Quant à savoir ce qu'il était devenu, voilà ce que trouvait dernièrement (1882) à
en dire le docteur Mondière, qui a rapporté le plus
de documents sur les populations de l'Indo-Chine :

Les Cambodgiens actuels, nettement brachycé-
phales et se rattachant à la race mongole, ne sont
en aucune façon les auteurs des magnifiques monuments d'Angcor. — Il faudra aller chercher ces
derniers parmi les tribus dites sauvages qui
occupent le pays montagneux entre le Cambodge,
le Siam et le Laos. Cette recherche présente un
intérêt très grand en raison de la disparition su-
bite de la civilisation de l'empire khmer et de son
remplacement par une sauvagerie réelle.

(1) Le bouddhisme est la première religion du monde par
le nombre (500 millions), sinon par le degré de civilisation
de ses adhérents et par sa philosophie athée. Le catholicisme
n'est que sa copie, en plusieurs points.

C'est tout. M. Mondière exprime ses regrets de ce qu'on n'a rien pu tirer des inscriptions cambodgiennes. M. Soldi, de même, dans son travail sur l'art khmer (1881), se plaint de ce que ces inscriptions sont restées indéchiffrables.

Au moment où écrivaient ces deux auteurs, un grand pas était cependant fait dans l'épigraphie cambodgienne. Nous trouvons à ce sujet un historique assez complet dans le dernier fascicule du *Journal Asiatique* (mars-avril).

Voilà déjà neuf années que Francis Garnier a donné les premiers *fac-similé* d'inscriptions cambodgiennes. L'alphabet de ces inscriptions, intermédiaire entre les alphabets de l'Inde du Sud dont il dérive et l'alphabet khmer qui en dérive à son tour, très voisin de l'alphabet ancien de Java, qui est lui-même d'origine indienne, n'était pas indéchiffrable. Mais la langue dont il avait été l'instrument, n'était point connue; elle n'était plus comprise même par les lettrés du Cambodge.

Il se trouva heureusement que les souverains du vieil empire khmer employaient, à côté de la langue vulgaire, une langue savante qui n'est autre que le sanscrit. Et les premières lignes de deux des inscriptions de Garnier, trouvées à Leley, sont rédigées dans cette langue aujourd'hui bien connue. Ces inscriptions ont été déchiffrées pour la première fois au Cambodge même par M. Aymonnier. Et presque au même moment (1880), M. le docteur Harmand a publié à Paris des fac-similé d'autres inscriptions (*Annales de l'extrême Orient*, 1881).

Le professeur Kern, de Leyde, en ayant eu connaissance, a réussi à les interpréter complètement. L'épigraphie cambodgienne s'est trouvée ainsi fondée. Et grâce à elle, depuis, on a pénétré quelques-uns des traits de mœurs et quelques-unes des dates de l'histoire cambodgienne. Les inscriptions Garnier de Leley ont par exemple appris à M. Bergaigne qui nous en donne la traduction, que le souverain Yao-Varman a consacré des statues de Civa dans le temple de Leley en l'année 893 de notre ère, et qu'à cette époque, l'astronomie n'était pas plus négligée au Cambodge que la philologie sanscrite. Voilà donc une date précise et ce n'est pas la seule que l'on possède aujourd'hui.

MM. Aymonnier et Harmant viennent d'obtenir de nouvelles missions pour le Cambodge. On peut prévoir que, maintenant en possession de la clef des inscriptions de ses monuments, nous ne tarderons plus à voir le voile de mystère

16

qui en couvre les auteurs se déchirer à nos yeux.

II. — Le meilleur moyen de découvrir l'état et le mouvement des esprits chez une nation consiste évidemment à recueillir tous les renseignements possibles sur ses productions intellectuelles. Or, nous n'avons que rarement entendu parler ici des productions intellectuelles de la Turquie.

Le monde turc nous apparaît avec toute raison comme un monde singulièrement ignorant et fermé, côtoyant le nôtre sans se mêler avec lui. Il se fait cependant un lent mouvement de pénétration, et c'est pour en donner une idée que nous empruntons à M. Clément Huard les renseignements suivants :

On compte comme paraissant à Constantinople neuf journaux en langue turque, dont trois officiels (le *Tagvim-i-vegâi*, la *Gazette militaire* et la *Gazette médicale de l'armée*), un seul en arabe et un en persan, six journaux en français, sept en grec, six en arménien et deux en hispano-hébreu. Ces derniers seraient destinés surtout aux communautés non musulmanes et aux étrangers.

On compte en Égypte cinq journaux arabes, un arabe-turc, trois français, deux italiens, un anglais et un grec ; à Beyrouth, six journaux arabes, un arabe-français, trois revues hebdomadaires en arabe ; à Smyrne, un journal turc, un français, deux grecs et un arménien ; à Salonique, un journal turc et un grec ; dans la Roumélie orientale, un journal bulgare-français, un grec-français et un turc.

Dans les chefs-lieux de vingt-quatre provinces de l'empire il se publie en outre des journaux officiels consacrés aux affaires locales, et dans dix-neuf autres, des annuaires officiels, etc. Ces publications ne peuvent guère être considérées autrement que comme nos placards, nos petites affiches et nos almanachs. Ils n'entrent pas en ligne de compte dans l'appréciation du mouvement intellectuel.

Cependant, Stamboul possède 45 imprimeries et Galata et Pera 23. M. Clément Huart nous donne une liste des ouvrages qui sont sortis de ces imprimeries durant les années 1880 et 1881. Ils sont au nombre de 205, indépendamment de 13 périodiques. (Ce n'est pas la production d'une semaine à Paris.) Nous remarquons parmi eux des traductions turques des œuvres françaises suivantes : Le *Dernier des Abencérages*, de Chateaubriand ; *Sous les Tilleuls* d'Alphonse Karr ;

Mille et un fantômes et l'*Amiral Bing*, d'Alexandre Dumas père ; le *Dépit Amoureux*, de Molière ; la *Vie à vingt ans*, d'Alexandre Dumas fils ; les *Mauvais lieux de Paris*, de M. X. de Montépin ; *Télémaque*, de Fénelon ; les *Burgraves*, de Victor Hugo ; le *Tartufe*, de Molière, en vers, sous le titre : La *Fin de l'hypocrisie* ; l'*Histoire de Gil-Blas*, de Lesage ; les *Misérables*, de Victor Hugo ; les *Prisonniers du Caucase*, de X. de Maistre ; la *Dame aux Camélias* ; *Manon Lescaut* ; *Monte-Cristo* ; les *Attentats aux mœurs*, du Dr Tardieu ; l'*Hygiène*, de M. Cornil ; la *Grammaire française*, de Noël et Chapsal, etc.

Ces titres d'ouvrages connus suppléent à tous les commentaires.

A côté de ces traductions de français nous ne voyons relativement que fort peu de traductions de l'anglais.

L'influence de la langue française est donc encore en Orient relativement aussi considérable que dans le nord de l'Europe, mis à part le moindre développement intellectuel des peuples musulmans.

18 juin.

XXII

L'hygiène à l'école. — Déformations du métier. — Dangers
qu'offrent l'exercice de certaines professions et certaines
industries.

L'hygiène est l'unique chemin de la sagesse.
Nous voudrions voir cet adage, que nous avons
depuis longtemps formulé, inscrit au frontispice
de toutes les écoles. Si la sagesse, si verbeuse-
ment recommandée, est la prévoyance dans la
conduite de la vie, elle a en effet indubitablement
pour condition fondamentale la connaissance et
l'application raisonnée des lois de la santé physique et morale.

On ne saurait trop le répéter. C'est pour chacun
une obligation élémentaire de s'enquérir des né-

cessités physiques de notre existence et des meilleures règles à suivre pour maintenir le corps valide et l'esprit dispos dans toutes les circonstances où nous pouvons nous trouver.

Depuis que les préceptes du moyen âge, qui basaient l'éducation sur la mortification de la chair, ont été enfin renversés et qu'on s'est convaincu que, selon l'expression d'Herbert Spencer, le premier devoir des parents et des instituteurs est de faire des enfants de « robustes animaux », l'hygiène doit nécessairement tenir une grande place dans les écoles, pour qu'ensuite ses enseignements soient toujours présents dans les esprits. Cela ressortira avec évidence des quelques faits et des quelques considérations que nous allons présenter sur l'hygiène industrielle.

Un ouvrage instructif par la quantité de renseignements de toute nature qu'il contient vient d'être publié sur l'hygiène industrielle, par M. le docteur Napias, fort bien placé pour aborder un tel sujet (1).

Les questions qu'il soulève sont d'une actualité

(1) *Manuel h'dygiène industrielle*, 1882. — M. le docteur Napias est inspecteur du travail des enfants, membre de la commission des logements insalubres et secrétaire de la Société de médecine publique et d'hygiène professionnelle.

si pressante qu'au moment où il a paru; le même éditeur a donné un traité d'*hygiène et des maladies des paysans*, par M. Albert Layet et que, au Conservatoire des arts et métiers, on s'occupait dans des conférences, de l'hygiène de l'ouvrier dans l'atelier et dans l'usine.

Nous avons tous des instincts assez sûrs pour que dans les conditions de l'existence commune ou générale, nous cherchions tout ce qui peut maintenir la santé. Mais dès que nous sortons de ces conditions simples qui nous sont familières, dès que nous changeons de climat par exemple, l'observation et l'expérience sont nécessaires pour la connaissance des règles à suivre pour nous préserver de toute influence funeste. Il en est de même dans l'exercice des différents métiers entre lesquels se répartissent les travaux si complexes et si multiples auxquels nous devons nous livrer dans nos sociétés, dont les besoins sont de plus en plus nombreux et variés.

L'hygiène professionnelle réclame des enquêtes méthodiques qui n'ont pas encore été faites pour toutes les professions. M. le docteur Napias fournit cependant à ce sujet un assez grand nombre de documents administratifs et de prescriptions.

En général le métier déforme, pour ainsi dire;

il nous marque tous de son empreinte, de telle sorte qu'il est facile de reconnaître au premier coup d'œil l'homme de cabinet, le tailleur, le boucher, etc.

Mais il est des professions qui s'exercent dans des conditions telles qu'elles sont par elles-mêmes directement nuisibles à la santé.

Le plus grand nombre de ces professions exigent un confinement trop prolongé et elles agissent par la privation du grand air qu'elles imposent.

On peut se rendre compte des conséquences de la privation prolongée d'un air suffisamment pur par les effets violents qu'elle provoque, dans des conditions déterminées. M. Hector George rappelle qu'en 1750, aux assises d'Old Bailey, en Angleterre, dans une pièce de trente pieds carrés, la plupart des individus présents, juges et assistants furent asphyxiés. Il ne survécut que quelques personnes placées près d'une fenêtre ouverte. En 1756, dans l'Inde, à la suite d'une révolte des habitants contre l'autorité anglaise, 146 Anglais furent faits prisonniers et renfermés dans un cachot de vingt pieds carrés, ne prenant de l'air que par deux soupiraux donnant sur un corridor. Après huit heures, il n'en restait que vingt-trois de vivants. A la suite de la bataille d'Austerlitz, trois cents prisonniers autrichiens furent enfermés dans une cave; en quelques heures il en était mort deux cent soixante par asphyxie. Il est des exemples de ce genre beaucoup plus récents. Mais ils ne se signalent pas par de telles hécatombes de vies humaines.

Les résultats habituels du confinement dans des ateliers ou des chambres mal aérées sont la phtisie et l'anémie, la plaie de toutes les grandes villes et notamment des villes industrielles.

A côté des métiers dont l'exercice prolongé altère graduellement la santé, il en est de pernicieux par les exhalaisons auxquelles sont exposés ceux qui les exercent. Et c'est dans ceux-là surtout que se font sentir cruellement et violemment l'ignorance et le dédain de l'hygiène.

Tous ceux qui travaillent le plomb, notamment les ouvriers cérusiers, les peintres en bâtiment, les plombiers, les fondeurs de caractères d'imprimerie, etc., sont exposés pour la plupart à des accidents qui peuvent être fort graves. Ces accidents débutent par des douleurs des muscles du ventre, bien connues sous le nom de coliques de plomb. Le poison transporté par le sang provoque ensuite la paralysie des muscles, de violents maux de tête, et il peut conduire à la mort.

Pour entraver l'introduction dans l'organisme des poussières de plomb par les voies respiratoires, on construit des masques légers. Mais on n'a pas pu déterminer les ouvriers à s'en servir. Et c'est souvent aussi sans succès qu'on leur recommande certains soins de propreté, les lavages fréquents des mains et de la figure, l'usage au moins hebdomadaire de bains sulfureux, etc.

On a vu en Amérique les ouvriers d'une usine où l'on préparait de l'oxychlorure de plomb, refuser le travail parce qu'on voulait leur imposer les bains. Il a fallu recourir à des perfectionnements consistant d'abord à faire le broyage sous l'eau, à chasser les poussières par la ventilation, etc., et ensuite à remplacer autant que possible le plomb par des substances inoffensives, telles que le sulfure de zinc à l'aide duquel on fabrique maintenant une couleur blanche qui a toutes les qualités de la céruse, l'oxyde de manganèse qu'on emploie pour les vernis colorés, etc.

Le travail du mercure est au moins aussi dangereux que celui du plomb, et ses dangers sont de même nature.

Dans la fabrication d'objets en caoutchouc, tels

que les ballons-réclames, on se sert du sulfure de carbone qui a la propriété de ramollir et de gonfler le caoutchouc. Cette substance, liquide, très volatile et transparente, est d'une odeur infecte. Sa manipulation entraîne des douleurs dans la tête et les membres, la perte de l'appétit, la paralysie de la vue, de l'ouïe, et finalement la mort. Un ouvrier a donc imaginé, pour cette manipulation, une cage en verre, percée de deux ouvertures munies de manches en caoutchouc qui, les mains introduites, serrent les poignées et retient ainsi les vapeurs de sulfure de carbone.

Les autres ouvriers n'ont pas voulu se servir de cet appareil qu'ils ont ridiculisé sous le nom de *Lanterne magique*.

Les mineurs, les charbonniers, sont exposés, on le sait, à avaler de grandes quantités de poussière de charbon. Ces poussières, moins dangereuses, agissent surtout mécaniquement, par leur masse qui imprègne toutes les parois des vésicules pulmonaires. Il en résulte une maladie, l'*anthracosis*, qui peut d'ailleurs être mortelle, les poumons arrivant alors à ressembler à un véritable morceau de charbon. Pour s'en préserver, on se sert dans quelques mines de Belgique de masques ouatés, et de projections d'eau en pluie qui abattent les particules de charbon en suspension dans l'air.

Les poussières siliceuses qu'on absorbe en fabriquant les meules, la porcelaine, sont bien plus dangereuses. Elles ne s'accumulent pas seulement dans les bronches, elles les déchirent grâce à leur dureté, en engendrant des toux douloureuses, une irritation de la gorge qui provoque à boire. Les ouvriers ne résistent pas à ces effets plus de huit ou dix ans. On a imaginé comme préservatif un voile très fin de soie jaune qu'on adapte aux lunettes qui protègent les yeux. Voilà certes un appareil peu compliqué. Mais plus les précautions sont élémentaires, moins on croit à leur efficacité quand on n'est pas assez instruit des conséquences rigoureuses des moindres imprudences.

Nous n'avons certes pas épuisé la série de tous les métiers où l'homme s'expose à perdre la vie même pour l'entretien de laquelle il s'y livre. Mais du moins nous avons démontré la nécessité de répandre de plus en plus l'enseignement des lois de l'hygiène.

Celles-ci se compliquent singulièrement au sein de notre société qui, pour ses besoins, impose à ses membres des travaux si insalubres. Mais c'est

aussi le devoir essentiel de la société de les rechercher et de les faire connaître; qu'elles s'appli-
quent au *milieu du travail* pour employer l'expression de M. Napias, ou aux matières mises en
œuvre.

·28 juin.

XXIII

I. — L'éclipse du 17 mai dernier. — Résultats obtenus par la commission envoyée en Égypte pour l'observer. — II. Récentes découvertes de paléontologie en Amérique. — Observations de M. Lemoine dans les environs de Reims. — Les plus anciens mammifères tertiaires.

I. — Le 17 mai dernier, nous avons assisté à une courte éclipse de soleil. *Assisté* n'est pas le mot, sans doute. Les nombreuses personnes qui se sont levées de plus bonne heure que d'habitude munies de verres enfumés pour voir le phénomène, ne l'ont vu en réalité que par un effet de la très forte conviction qu'elles avaient de son existence. C'est le privilège qu'ont seules les sciences maîtresses de leurs méthodes et de leurs lois, de pouvoir ainsi, sans que la moindre défiance puisse s'élever, donner la certitude des choses qu'elles prédisent avant et sans que personne ait pu les observer.

Ça été, certes, un spectacle admirable par la grandeur du contraste que celui de cet homme qui, sans sortir de son cabinet, a pu dire : Il existe aux confins de notre système solaire, à 1150 millions de lieues du soleil, une planète que personne n'a encore reconnue. Vous pourrez la voir tel jour en tel point déterminé du ciel.

Car c'est ainsi qu'a été découvert Neptune qui parcourt son orbite autour du soleil en 164 ans 7 mois, 13 jours. Un astronome de Berlin le vit, le 23 septembre 1846, en dirigeant son télescope à la place indiquée par Leverrier. Il existe sans doute une autre planète au-delà de Neptune.

A la dernière époque de sa vie, Leverrier a calculé de même qu'à l'autre extrémité de notre monde planétaire, entre Mercure et le soleil, il devait circuler des petits corps qu'on a appelés des Vulcains. On n'a pu les apercevoir que d'une manière assez incertaine. Or, cependant, il n'y a guère de doute sur leur existence.

Pour en revenir à l'éclipse du 17 mai, si peu de Parisiens ont pu se rendre compte du phénomène, par suite de sa très faible durée, il en a été autrement en Égypte. Aussi, une commission, composée de MM. Trépied, Thollon, A. Puiseux, auxquels se sont joints des savants de toute nation, MM. Ranyard, Lockyer, Schuster, Laurence, Bucchanan, Tacchini, Mahmoud-Pacha, s'est-elle rendue à Souhag, dans la Haute-Égypte, pour pouvoir l'observer de manière à ce que rien en lui ne pût passer inaperçu.

Cette commission a fait connaître les résultats qu'elle a obtenus, dans une des dernières séances de l'Académie des sciences. Ils paraîtront minimes à cause de la délicatesse même des observations sur lesquelles ils reposent et de la forme dubitative sous laquelle ils sont annoncés.

En Egypte, le premier contact, le moment où la lune a entamé le bord du diamètre solaire, a eu lieu à 7 h. 20′ 9″; le second contact a eu lieu à 8 h. 54′ 57″. Mais l'éclipse totale n'a duré que 70 secondes environ. Toute l'attention des observateurs a été concentrée, pendant son cours, sur les bords de la lune examinés au spectroscope à grande dispersion. On sait que les corps incandescents qui alimentent la lumière décomposée au spectroscope se décèlent par des raies spéciales brillantes. Un milieu gazeux traversé par ces raies absorbe celles dont se compose son propre spectre.

Or, MM. Trépied et Thollon ont cru voir simultanément certaines raies du spectre solaire s'absorber au voisinage immédiat de la lune. Ce fait, qui leur est apparu d'une façon aussi inattendue que fugitive, suffirait à démontrer l'existence d'une atmosphère lunaire. M. Trépied ne s'exprime toutefois à cet égard qu'avec la plus grande réserve. « Je me garderai bien, dit-il, d'affirmer l'existence d'une atmosphère lunaire d'après une seule observation. Je crois bien que l'accroissement d'intensité des raies d'absorption sur le contour de la lune était dû à l'action d'une couche absorbante ; mais de quelle nature ? Permanente ou accidentelle ? Je l'ignore. Présentement, je ne vais pas au delà, mais je ne saurais m'empêcher d'exprimer le vœu qu'on ne laisse point échapper l'occasion exceptionnellement favorable que l'éclipse prochaine du mois de mai 1883 offrira aux astronomes, de contribuer au progrès de la physique solaire et peut-être à l'avancement de nos connaissances, relativement à l'état physique de notre satellite. »

Si incertaines que soient encore ces indications, elles ont paru importantes autant que nouvelles ; nous ne devions pas les passer sous silence.

II. — Nous assistons depuis quelque temps à une série de découvertes qui, par leur nombre et leur intérêt, pourraient bien être comparables à celles qui ont été faites jadis dans le gypse ou la pierre à plâtre de Montmartre, et à l'aide desquelles Cuvier a tant contribué à fonder la paléontologie.

Ce sont celles que viennent de faire en Amérique notamment MM. Cope et Marsh. Elles portent sur plusieurs types de reptiles : les uns connus en Europe et les autres jusque-là à peu près inconnus ; sur de nombreux types primitifs d'oiseaux avec dents dont nous ne connaissons qu'un seul exemple en Europe, l'*Archæopteryx*, d'ailleurs d'un haut intérêt et dont nous avons déjà entretenu nos lecteurs. Reptiles et oiseaux appartiennent à la grande époque géologique secondaire, notamment aux terrains jurassiques et crétacés. Mais les découvertes en question s'étendent aussi aux terrains de l'époque tertiaire, et nous avons vu M. Cope exhumer une foule d'espèces de mammifères qui lui ont permis de reconstruire presque en entier l'arbre généalogique de plusieurs de nos familles actuelles.

Nous ne trouvons en France à comparer à ces belles recherches que celles que vient d'accomplir M. le docteur Lemoine près de Reims. Il existe près de cette ville, à Rilly, des sables et un calcaire lacustre qui, pendant longtemps, n'ont rien donné. L'origine des sables, d'une pureté remarquable (1), a même été l'objet de toutes sortes d'hypothèses de la part des géologues. Et l'on a cru quelque temps qu'ils s'étaient déposés sous des actions chimiques qui avaient rendu la vie impossible dans leurs eaux. On ne peut plus admettre une semblable origine, et l'on croit maintenant qu'ils résultent de la désagrégation de couches plus anciennes par des cours d'eau. M. le docteur Lemoine a retiré de couches correspondantes à Cernay une quarantaine de mammifères, cinq types d'oiseaux, des reptiles, des mollusques, des fragments d'insectes, des foraminifères, et de nombreuses empreintes végétales, parmi lesquelles des tiges, des feuilles, des fruits, des graines de dicotylédonés.

Parmi les reptiles on en remarque qui forment la liaison entre nos types actuels et d'autres dont certains caractères sont semblables à ceux des oiseaux. Ce sont surtout les mammifères qui se prêtent le plus à des considérations de ce genre.

Les sables de Rilly forment le troisième étage de l'éocène. Ce nom d'éocène qui veut dire « aurore du récent », a été donné par Lyell d'après le

(1) C'est avec ce sable qu'on fait le verre des glaces si estimées de Saint-Gobain.

nombre proportionnel des coquilles d'espèces vivantes. On ne commence à rencontrer de ces coquilles d'espèces vivantes que dans le tertiaire. Et
c'est dans la première partie du tertiaire, qu'elles
sont les moins nombreuses. De là le nom d'éocène
appliqué à cette partie.

Les sables de Rilly appartiennent donc à la
base du tertiaire. C'est à cette époque que les
mammifères se développent et s'accroissent en
nombre. Les types d'alors sont donc moins spé-
cialisés et présentent encore associés des caractères qui sont aujourd'hui dissociés et devenus
propres à des espèces différentes. Voilà surtout
sur quoi insiste M. Lemoine. Les carnassiers, aujourd'hui si particuliers, tenaient alors des carnassiers, des pachydermes, des marsupiaux et des
lémuriens, singes de Madagascar.

Il dit lui-même (*Bullet. soc. géol.*, 1881), de
l'*Arctocyone Dueillii*, le plus ancien mammifère
connu, dont il a présenté le crâne à l'Académie
des sciences, le 17 avril dernier : « Son squelette
semble associer des caractères actuellement spéciaux aux ursidés, aux porcins, aux lémuriens,
et surtout aux marsupiaux. »

De même une autre espèce, le *Pleurospidothe-
rium aumonieri*, marsupial par l'aplatissement et

les petites dimensions de son crâne, par ses incisives et ses canines, rappelle les pachydermes par la conformation de ses molaires et de son fémur, et les lémuriens par son humérus, son radius, son astragale et son calcanéum.

. M. le docteur Lemoine a mis la main sur une forme bien plus singulière encore et plus importante, celle du *Plagiaulax*. On l'avait déjà rencontrée dans le secondaire, en plein jurassique. Mais ses caractères mixtes pouvaient dérouter les mieux exercés sur sa nature. M. Lemoine en fait un mammifère. Il a en effet des caractères de rongeur et de marsupial; mais aussi des caractères très nets de poisson.

Nous ne nous lassons pas d'admirer la signification si claire de tous ces faits et de tant d'autres aussi récents que nous ne pouvons même pas énumérer. Comment en leur présence peut-on nous parler encore de « l'erreur » de Darwin comme l'Académie des sciences a saisi l'occasion de sa mort pour le faire dernièrement par l'organe de M. de Quatrefages? On aurait voulu en inventer de semblables pour démontrer la théorie darwinienne, qu'on n'aurait pas su d'avance les mettre dans une telle conformité avec elle.

7 juillet.

XXIV

I. — Le crétin des Batignolles. — Nature du crétinisme. — Son rapport avec le goitre. — Idiotie. — II. — La folie du doute ; sa nature. — Curieux cas rapportés par MM. Ball et Baillarger.

I. — M. le professeur Ball vient de signaler ces jours-ci un sujet de sa clinique qui offre un vif intérêt. C'est ce qu'on pourrait appeler ou du moins ce que M. Ball appelle un *crétin artificiel*, exemple à peu près unique d'une déchéance de cette nature produite au sein de la population pasienne. Pour bien en faire comprendre la signification, nous devons rappeler ce qu'est le crétinisme. Cette singulière dégénérescence se montre d'une façon endémique, permanente, dans les régions montagneuses de toutes les parties du monde. Et elle résulte, à n'en pas douter, d'une sorte d'empoisonnement par certaines eaux. Deux théories sont en présence à l'égard de sa genèse. L'une ne veut y voir que l'effet direct d'un empoisonnement, sans aucun rapport de dépendance vis-à-vis de l'hérédité. L'autre, au contraire, le considère comme le résultat ultime d'une dégénérescence héréditaire qui commence par le goitre. M. Lunier a encore saisi l'occasion du cas présenté par le docteur Ball pour soutenir la première. Nous avons depuis longtemps défendu la seconde, d'après le docteur Baillarger qui est l'homme le plus compétent en la matière et d'après de nouveaux documents réunis à l'étranger.

Sans entrer dans les détails, rappelons que si l'on a pu invoquer en faveur de la première l'exemple des femmes qui, après avoir quitté les vallées envahies par le crétinisme pour faire leurs couches sur les montagnes, n'ont pas donné naissance à des crétins, on n'a rien démontré contre la seconde qui ne voit aucun obstacle à admettre que la dégénérescence peut être enrayée et surtout prévenue par le changement de milieu avant la naissance ; rappelons aussi que dans la population goitreuse il y a une famille sur 13 renfermant un ou plusieurs crétins, tandis qu'on ne trouve dans la population non goitreuse qu'une famille atteinte sur 367, et encore dans cette faible proportion les idiots entrent-ils pour une forte part. Sur 393 crétins observés par différents auteurs, 315, c'est-à-dire 80 0/0, étaient nés dans des familles atteintes de goitre.

Sans doute, « la cause endémique seule agissant pendant les premiers mois ou les premières années de la vie, peut produire un certain nombre de cas de crétinisme, malgré l'absence de toute prédisposition héréditaire ». Mais en général elle n'engendre le crétinisme que médiatement et lorsque son action propre vient s'ajouter à celle de parents goitreux. Et il est certain, quoi qu'ait soutenu M. Lunier, que des goitreux ont engendré des goitreux et des crétins dans des contrées indemnes de ces infirmités et que le mariage entre crétins du premier degré (non encore stériles) ne peut donner naissance qu'à des crétins, quelque saine que soit la contrée qu'ils habitent. On a songé, en conséquence, à interdire le mariage entre goitreux. Mais ceux-ci ne sont en général frappés d'aucune déchéance et il y a contre leur mal un spécifique souverain, l'iode. On peut l'administrer et on l'administre, en effet, sous une forme commode, et par mesure générale, à tous les enfants des écoles des pays dont les eaux sont goitrigènes, pour les en préserver. Les crétins sont des êtres trapus, osseux, maigres ou bouffis, au teint d'un blanc livide ou d'un aspect terne et brun, à la figure vieillotte, au col gris, à la tête large, aux yeux ternes, n'ayant pour tout langage que des grognements inarticulés, à peu près constamment sourds et sans aucune sensibilité, comme frappés de stupeur, quelquefois même complètement privés de mouvement, volontaires, etc.

Ils se distinguent assez nettement des idiots, en général élancés, le cou long, la tête petite, etc., vifs d'allure, agités, hargneux, méchants.

Il peut arriver cependant qu'on les confonde. Peut-être est-ce ce qui est arrivé dans le cas du crétin de M. Ball, désigné sous le nom de *crétin des Batignolles*. Cet intéressant sujet a aujourd'hui trente et un ans. Il a été élevé par sa mère jusqu'à onze mois. A ce moment, sa mère, obligée de faire un voyage, l'a confié à une voisine. Il a été alors mal nourri, mal soigné ; sa déchéance a pris origine et sa mère, à son retour, l'a trouvé malade. Il n'y a pas d'antécédent héréditaire. Seulement, ses frères et sœurs sont morts dans

18

les convulsions ; lui-même en a souffert et c'est par les convulsions que son développement a été arrêté.

Aujourd'hui, il présente bien cette bouffissure blafarde des crétins ; la peau de sa face tombe comme un vêtement trop grand sur de maigres épaules. Il n'a que dix-neuf dents, toutes cariées. Cependant, contrairement à ce qui a lieu chez les crétins, son crâne est très allongé, il a des sentiments affectueux, est attaché à sa mère ; il peut aisément se servir de ses membres et réussit même à faire claquer un fouet. Enfin, il peut apprendre à lire et à écrire.

Pourquoi verrait-on en lui un crétin plutôt qu'un idiot ? Il présente, nous a dit M. Ball, des déformations du crâne et du corps caractéristiques des crétins et voilà pourquoi il est un crétin pour des causes pathologiques internes. M. Ball nous semble tenir ainsi pour démontré ce qui ne l'est point. Que M. Lunier ait reconnu un crétin dans son sujet, cela est conforme à sa doctrine qui repousse toute hérédité et tout rapport avec le goitre.

Mais ceux pour qui le crétinisme est le dernier terme d'une dégénérescence dont le goitre est le prélude (1), le résultat d'un empoisonnement par les eaux goitrigènes, ceux-là verront en lui un idiot.

II. — M. le professeur Ball, dans une leçon qu'il vient de publier sur « la folie du doute », a fait connaître un autre de ses malades qui n'offre pas moins d'intérêt. Nous n'analyserons pas aujourd'hui cette étrange folie sur laquelle, à ce qu'il nous semble, les psychologues auraient pas-mal de choses à apprendre aux médecins.

Voici le cas de M. Ball : C'est un jeune homme de vingt-huit ans, intelligent et bien venu, employé dans une banque. Au mois de juin 1874, il éprouva subitement, sans aucune douleur, un changement singulier dans sa façon de vivre. Tout lui parut drôle, étrange. Il resta cinq ans dans cet état. En 1880, il se sentit diminuer, disparaître. « Il ne resta plus de moi, dit-il lui-même, que le corps vide. Depuis cette époque, ajoute-t-il, ma personnalité est disparue d'une façon complète, et malgré tout ce que je fais pour reprendre ce moi-même, je ne le puis.

(1) Le goitre chez les parents. Car le crétinisme se montre dans les premiers temps de la vie, tandis que le goitre n'aparaît chez les crétins que vers la dixième année.

» Non seulement je ne sais ce que je suis, mais je ne puis me rendre compte de ce qu'on appelle l'existence, la réalité. J'existe, mais en dehors de la vie réelle et malgré moi, rien ne m'a cependant donné la mort... Tout est mécanique chez moi et fait inconsciemment... Quand on me parle, je réponds tout de suite, et il se trouve que je réponds juste. Mon travail se fait bien jusqu'à aujourd'hui et sans aucune erreur, et cependant j'ai beau me dire continuellement : « Je suis au tra- » vail, je fais ceci, je fais cela », je ne puis pas me rendre compte que cela est vrai. Je crois pouvoir me résumer en disant : personnalité complètement disparue ; il me semble que je suis mort il y a deux ans, et que la chose qui existe ne se rappelle rien qui ait un rapport avec l'ancien moi-même. La façon dont je vois les choses ne me rend pas compte de ce qu'elles sont ou qu'elles existent, etc. »

Ce malheureux sans cesse obsédé par ce sentiment d'anéantissement, ce perpétuel état hallucinatoire qui ne lui laissait de certitude sur rien, a fini par demander lui-même son entrée à l'hôpital. Le pronostic est grave, aucune guérison complète ne se laisse prévoir. L'obsession s'aggrave et le malade s'achève dans la tristesse et l'isolement.

La folie du doute, toujours assez rare, offre elle-même encore plus rarement des cas aussi complexes que celui que nous venons de rapporter. Elle ne se traduit pas par ce doute de nature métaphysique qui porte sur les notions fondamentales, mais souvent sur les choses infimes et même triviales. Tel a une crainte jamais apaisée de se tromper ou de mentir, tel autre ne peut rien croire avant de se trouver devant les affirmations réitérées de plusieurs personnes, tel autre enfin est obsédé par une idée burlesque ou un mot qu'il répète avec une inquiétude morbide.

M. Baillarger a rapporté le cas d'un malade qui donne une bonne idée de la nature de cette folie.

Un vieillard ne pouvait aller au théâtre sans être tourmenté du désir de connaître la vie des actrices qu'il avait vues; leur âge, leur adresse, leurs habitudes, etc. Il renonça au théâtre. Mais bientôt la même obsession le travailla à propos de toutes les femmes qu'il rencontrait, *pourvu qu'elles fussent jolies*. Il fut obligé de se faire suivre par une personne qui lui donnait toutes les affirmations propres à le calmer. Chaque fois qu'il rencontrait une femme, il demandait : « Est-elle jolie? » Il fallait répondre *non*. Un jour, il partit par le chemin de fer pour une destination éloi-

gnée. Il avait à peine entrevu la dame qui distri-
buait les billets, et, pressé par l'imminence du
départ, il négligea de demander si elle était jolie.
Mais arrivé à sa destination, au milieu de la nuit,
il fit cette demande à la personne qui l'accompa-
gnait. Oubliant son rôle, son interlocuteur, en-
nuyé, fatigué ou distrait, répondit qu'il ne l'avait
pas regardée. Il n'en fallut pas davantage pour je-
ter le malade dans un tel état d'angoisse, qu'il fut
obligé de repartir immédiatement pour Paris afin
de s'assurer par lui-même de la vérité.

14 juillet.

XXV

Les Australiens. — Leurs variétés de types. — Leurs caractères physiques. — Leurs caractères physiologiques. —
Leur fécondité avec les Européens. — Leurs métis. — Leur
décroissance. — Sont-ils forcément destinés à disparaître.
— Miklucho-Maklay.

Dans le dernier numéro paru des *Archives des
missions scientifiques* nous remarquons plusieurs
rapports de voyageurs qui renferment bien des
renseignements nouveaux. Nous nous arrêterons
quelques instants sur celui de M. Cauvin. Son
titre, *Mémoire sur les races de l'Océanie*, est trop
large, car il n'y est question que des Australiens.
Mais il est fort étendu. Il renferme de nombreuses
mensurations, dont une bonne partie a été prise
par M. Cauvin lui-même, après une sérieuse pré-

paration. Elles ne modifient en rien ce que nous savions déjà. Un modèle en cire du musée d'Ethnographie, peut donner une idée des plus beaux ou des moins laids indigènes de l'Australie. Leur peau est noirâtre tirant parfois quelque peu sur le jaune café au lait. Mais il est aisé de les distinguer des nègres d'Afrique surtout par leurs cheveux qui ne sont pas laineux mais droits. Depuis longtemps plusieurs auteurs, et notamment Huxley, ont signalé leurs affinités avec certains groupes de l'Inde et depuis longtemps aussi, des faits se rapportant aux races les plus anciennes de l'Europe, ont donné à croire qu'ils pourraient bien représenter le type ancestral de celles-ci.

Ils ont la tête relativement très allongée d'avant en arrière. La capacité de leur crâne est petite. Leur front est bas et fuyant, leurs sourcils proéminents ombragent leurs yeux caves, leurs pommettes sont saillantes. Leur taille moyenne est de 1,655 mm. pour les hommes, et de 1,530 mm. pour les femmes.

Mais il ne faut pas perdre de vue que l'Australie est plus grande que l'Europe, et que sur une terre aussi étendue qui, malgré son isolement relatif, confine à plusieurs populations de races différentes, la population n'a pas pu conserver cette absolue uniformité de type sous laquelle nous avons coutume de nous la représenter. Voilà à quoi se résument les observations de M. Cauvin, à ce point de vue :

Les tribus du sud-ouest paraissent les plus inférieures et différer par leurs caractères physiques de celles de l'est. De stature plus petite, de corpulence moindre, grêles, à ventre ballonné, à mollets peu marqués, les membres de ces tribus rappellent la peinture classique qu'on a faite des Australiens. Les tribus de l'embouchure du Murray leur sont supérieures, au point de vue physique et intellectuel. Il n'est pas rare de rencontrer parmi elles et même dans nombre d'autres tribus des individus dont les contours et les proportions des parties supérieures sont sculpturales. Mais, avoue M. Cauvin, il n'est pas contestable que, chez quelques tribus, le type ait quelque chose de simien. En Victoria, nous trouvons des tribus à physionomie repoussante, à côté d'autres d'une physionomie d'une noblesse relative. Au nord-ouest il y a eu des mélanges avec les Malais, dont la peau est jaunâtre, et dans le Queensland l'infusion de plus en plus grande de sang papou se décèle par la présence de cheveux laineux.

Ces indications générales ne serrent pas d'assez

près le problème de la pluralité ou de l'unité des races australiennes. Elles passent sous silence des mélanges aujourd'hui bien avérés avec les Polynésiens. Et ce qui nous paraît plus important, leur auteur semble subordonner le type australien à celui des Tasmaniens. Or ces derniers qui habitaient l'île qui forme au sud comme un appendice de l'Australie et qui ont été entièrement détruits par les Anglais avec une barbarie incroyable formaient d'après les meilleurs travaux un rameau distinct, dans la composition duquel les Australiens entraient peut-être pour une part loin d'en dériver.

Pour l'étude physiologique des Australiens les documents de M. Cauvin, pour avoir çà et là le mérite d'être fondés sur des observations originales, ne font pas non plus avancer beaucoup les questions pendantes. La principale de ces questions est celle de la fécondité des Australiens avec les Européens et entre eux. On a pu douter fort longtemps que les Australiennes puissent être fécondées par les immigrants de race blanche. Et les polygénistes de l'ancienne école ont même pu tirer un instant partie de notre incertitude à cet égard pour nous présenter les Australiens comme étant d'une espèce différente de nous. Mais de-

puis, des métis de blancs et d'Australiennes sont
venus au jour et leur nombre, autour des colonies, s'est constamment accru. Ils ne seraient pas
cependant plus robustes que les Australiens purs,
d'après M. Cauvin qui donne sur eux quelques
autres renseignements utiles et nous apprend que
parmi eux il se trouve quelques métis de blanches
et d'Australiens.

Ce dernier fait mérite confirmation. Car les
blanches et toutes les femmes en général, montrent une répugnance invincible à s'allier à des
individus de race inférieure, et surtout de race
aussi dégradée que les Australiens. A tel point,
qu'en Amérique, où la population noire de demi-
sang est si abondante, il n'existe pour ainsi dire
pas de métis de blanches et de nègres.

Les discussions relatives à la diminution de la
fécondité des Australiens entre eux n'ont pour
ainsi dire jamais cessé d'être à l'ordre du jour.
M. Cauvin mentionne bien parmi les mutilations
en usage en Australie, une opération barbare
infligée aux jeunes gens, qui pourrait bien en
rendre compte dans une large mesure. Mais cet
auteur ne semble pas s'être douté de sa signification et il ne nous dit rien sur son importance et
le degré de fréquence de son usage. Nous avons

donné sur elle dans des recueils spéciaux, et d'après le voyageur russe-allemand Miklucho-Maclay, qui a eu le singulier courage d'habiter au milieu des Australiens et de vivre de leur vie, des détails extrêmement curieux et significatifs dans le sens que nous venons d'indiquer. Leur nature particulière nous empêche de les reproduire ici.

Quoi qu'il en soit, voici les chiffres rapportés par M. Cauvin qui peuvent donner une idée de la diminution de la population australienne.

La Nouvelle-Galles du Sud évalue à 5,000 le nombre de ses indigènes. Victoria en comptait, en 1870, 1330 (781 hommes et 546 femmes) ; en 1877, ce nombre était tombé à 1067 (633 hommes et 434 femmes). En 1842, le Sud-Australie recensait 12,000 indigènes ; en 1876, il n'y en avait plus que 3,953 (dont 2,203 hommes). La seule tribu des Narrineyri, évaluée en 1842 à 32,000 âmes, n'en comptait plus que 511 en 1876. Il n'a pas été fait de recensement de ce genre dans Ouest-Australie et dans le Queensland.

M. Cauvin fait, à l'occasion des résultats de tous les recensements connus, des réflexions qui lui font beaucoup d'honneur.

« La race australienne, je ne puis assez le répéter, dit-il, n'est pas aussi inférieure qu'on le dit. Les témoignages les plus nombreux que nous ayons sur eux, proviennent des Anglais : or, sans vouloir faire le procès de personne, ceux-ci sont mauvais juges. Pour traiter l'Australien avec tant de dédain... il faudrait ne pas le comparer à ce que nous sommes devenus, et se demander quel devait être l'état de civilisation de nos ancêtres de Néanderthal et de Canstadt ; il faut penser à la probabilité d'une réclusion complète du reste du monde, à une époque fort reculée ; il faut ne pas oublier que l'habitant du continent austral n'a trouvé dans la faune de ce pays aucun auxiliaire, et que la flore lui a mesuré très parcimonieusement ses ressources. Certes, je suis loin de prétendre que leur degré de civilisation ne soit pas des plus primitifs ! mais les peuples ne doivent pas être jugés d'après ce qu'ils sont, mais bien d'après ce qu'ils peuvent devenir. La civilisation de la Chine était déjà avancée à une époque où l'Europe était plongée dans un état de barbarie presque égale à celui dans lequel nous voyons les Australiens... »

... « Les Australiens disparaissent rapidement, voilà un fait inéluctable. Est-ce en vertu d'une loi de la nature, inéluctable elle-même ? A cela on peut répondre hardiment non. La civilisation et ses bienfaits seraient un vain mot si, en plein dix-neuvième siècle, une théorie scientifique servait d'abri à une inhumanité calculée, si l'esprit humain ne trouvait pas dans sa philanthropie de meilleurs moyens d'élever une race que de l'acculer dans la misère la plus profonde pour la supprimer plus promptement. L'Australie disparaît comme le pauvre meurt, en plus grand nombre, suivant les saisons rigoureuses, et non parce qu'il est en contact avec une civilisation avancée... »

Presque aucune de ces considérations n'est étrangère à nos lecteurs. Dans un travail précisément consacré à leur donner de la force, nous disions, en 1878 : « Dans la ferveur des temps chrétiens, c'est au nom de la foi que l'on a asservi et dépossédé les peuples inférieurs. Aujourd'hui c'est plutôt au nom du progrès. » Et nous montrions que ces raisons de progrès ne sont, pour les trois quarts du temps, que des prétextes hypocrites pour couvrir une exploitation sociale où l'humanité n'a rien à voir, quand elles ne mas-

quent pas une rapacité qu'aucun acte, même
ceux de la plus honteuse barbarie, ne saurait effrayer (1).

28 juillet.

(1) M. Miklucho-Maclay, le voyageur russe qui a eu le
courage de vivre seul des années au milieu des Papous de la
Nouvelle-Guinée, et dont nous avons rapporté de graves et
très délicates observations relativement à la limitation arti-
ficielle de la fécondité chez les Australiens (*Rev. Anthr.* 1882
p. 181), s'est mis à même de voir de près et de dénoncer de
nouveau, il y a peu de temps, avec indignation, les horreurs
que couvre le trafic des travailleurs noirs de l'Océanie.

XXVI

Le mois de juillet au point de vue météorologique. — Les cartes du temps.

Malgré toutes les variations atmosphériques les saisons se succèdent avec une constance et une uniformité incontestables. De temps en temps, néanmoins, nous pouvons voir, en dépit des calculs et des mesures de prévoyance qui font notre sécurité provisoire au sein de la civilisation, que nous ne sommes que les jouets misérables de l'Océan d'air dans les bas-fonds duquel nous vivons.

Un phénomène aussi fréquent et aussi simple que la chute de la grêle peut, en atteignant une intensité insignifiante par rapport à l'ensemble des autres phénomènes atmosphériques, anéantir en un instant les moissons sur pied. Une baisse légère de température au printemps, comme il s'en produit si habituellement avant le soleil levé, détruit en quelques minutes le fruit du travail de l'homme pendant des mois. Si par un effet de modifications presque insensibles en elles-mêmes cette baisse se reproduisait chaque année, elle pourrait rendre au bout de peu de temps la culture de la vigne inutile et impossible dans des régions dont elle fait maintenant la fortune.

On sent par ces seuls exemples dans quel état misérable de dépendance nous sommes vis-à-vis des moindres changements de l'atmosphère. Et de quels phénomènes infiniment plus terribles par leur grandeur comme par leur violence, celle-ci n'est-elle cependant pas le siège ?

Personne ne saurait dire quelles ont été toutes les conséquences d'un hiver aussi froid que celui de 1879. Aussi nombreuses que variées, elles ne seront pour ainsi dire jamais effacées.

Chaque saison et même chaque mois l'existence de l'homme et surtout son mode d'alimentation, sont influencés en quelque manière par des circonstances atmosphériques variables. Cela est surtout sensible en dehors des centres où tout affle.

La présente année a été caractérisée par un hiver doux et des chaleurs hâtives qui ont favorisé la végétation. Mais la température a, par contre, été moins élevée que d'habitude au milieu de l'été. Et la maturation de certains fruits s'en est trouvée retardée.

Le thermomètre, pendant le mois de juillet dernier, ne s'est pas élevé au delà de 29,05 (le 15). Et ce maximum est très éloigné de la moyenne.

La température moyenne du mois entier a été, en effet, de 16 degrés 9, une des plus basses qui aient été observées. On a compté dans ce mois jusqu'à seize jours de pluie. Il se laisse diviser en cinq périodes marquées par des alternances de hautes et de basses pressions dont les lignes ont parcouru l'Europe.

Les hautes pressions furent d'abord, du 1ᵉʳ au 4, accompagnées de vents du nord et d'un ciel pur. Puis du 4 au 17, les basses pressions se montrent d'abord sur l'Écosse et l'Irlande, amenant des vents d'ouest et de la pluie ; puis sur le continent, du sud au nord, amenant des vents du sud et du sud-ouest, et de nombreux orages.

A partir du 17 jusqu'au 23, nouveau changement ; le baromètre remonte et les hautes pressions gagnent la France par l'Espagne.

Le 22, de basses pressions gagnent de nouveau l'Irlande et s'étendent du 23 au 26 jusqu'à l'extrémité nord de la Norvège d'une part, et d'autre part du 25 au 26 de Lorient à Munster en traversant la France.

Après le 26, les hautes pressions et le beau temps nous viennent par l'Océan.

Les changements de temps sont toujours, on le voit, accompagnés sinon précédés de changements dans la pression barométrique. Une carte du temps n'est ainsi autre chose qu'une carte de la distribution des pressions barométriques.

L'usage de publier presque quotidiennement des cartes de ce genre se répandant de plus en plus, quelques indications destinées à faciliter leur lecture ne seraient pas sans utilité.

L'atmosphère s'étend au moins à 88 kilomètres au-dessus de la surface de la terre. Vu sa densité et sa hauteur, elle exerce une pression de 10,336 kilogrammes sur chaque mètre carré de la surface terrestre ou de toute autre surface interposée. Mais cette pression, comme celle de tous les fluides (gaz ou liquides), n'agit pas de la même manière que celle des corps solides. Ceux-ci, par suite de la cohésion de leurs molécules, pèsent uniquement de haut en bas. La pression des autres, au contraire, par suite de l'action de leurs molécules les unes sur les autres, s'exerce dans tous les sens, de bas en haut et latéralement comme de haut en bas, enveloppant ainsi les objets interposés et se faisant équilibre à elle-même. Si la bulle de savon la plus légère se meut en l'air sans crever, c'est que l'air qu'elle contient, par son élasticité, contrebalance le poids que supportent ses parois extérieurement.

Que, par hypothèse, on la vide de l'air qu'elle contient, la pression extérieure brisera aussitôt ses parois, comme elle briserait les parois d'un vase en verre léger sous lequel on ferait le vide. Ce qu'autrefois on appelait l'horreur du vide n'est, comme on le voit, pas autre chose que le résultat du poids de l'atmosphère s'exerçant dans un seul sens par suite de conditions qui annulent son action en sens opposé. Mais le poids de l'atmosphère a ses limites et, par suite, la soi-disant horreur du vide n'est pas absolue. Si l'on remplit de mercure un tube de un centimètre de diamètre et de un mètre de long fermé à l'une de ses extrémités, et si on renverse ensuite son ouverture de manière à la faire plonger dans une cuvette de mercure, la colonne de mercure qu'il contient ne conserve pas la hauteur de un mètre. Mais elle descend d'elle-même jusque vers 76 centimètres, laissant à l'extrémité du tube le vide parfait. Ce vide n'est autre que le vide appelé barométrique. Et le poids de cette colonne de mercure de 76 c. (1 k. 033) correspond exactement à la pression qu'exerce de bas en haut par l'intermédiaire du mercure une colonne d'air de même diamètre, s'élevant jusqu'à la limite de l'atmosphère. C'est à Torricelli (1643), que revient le mérite d'avoir le premier fait cette expérience.

Il a de la sorte fourni le moyen de déterminer le poids de l'atmosphère, il a découvert le principe du baromètre.

Si, en un point donné, des masses d'air se déplacent horizontalement avec plus ou moins de rapidité, le poids total de l'atmosphère s'en trouve plus ou moins allégé, et la colonne de mercure descend en proportion au-dessous de sa hauteur moyenne de 76 centimètres.

Lors donc que nous voyons le baromètre baisser, indiquer ces pressions moindres, nous pouvons être sûrs, toutes choses égales, qu'il se produit des vents et que ceux-ci peuvent nous amener des pluies. Il suffit donc de relever en divers points de l'Europe la hauteur du baromètre pour avoir des indications précises sur les vents qui y ont régné à tel ou tel moment.

Or, c'est ce que l'on fait et c'est avec ces relevés qu'on dresse des cartes du temps.

On réunit sur ces cartes tous les points où la même pression a été constatée, par des lignes appelées *isobares*, de deux mots grecs signifiant *même poids*. Entre deux lignes ou courbes isóbares il y a une différence de pression convenue représentée par une valeur constante dans la hauteur de la colonne de mercure du baromètre, soit un dixième de pouce. En sorte que la distance comprise entre deux lignes isobares exprime le gradient ou, si l'on peut ainsi parler, la pente des couches atmosphériques. Des lignes isobares très rapprochées indiquent donc des différences de pression très grandes dans le même espace donné, une pente très forte, des vents violents.

Les vents suivent naturellement la direction des pentes, pour employer encore cette image. C'est-à-dire qu'ils soufflent de la ligne des points de haute pression vers celle des points de basse pression. Cela, cependant, n'est point absolument vrai. Ils ne soufflent pas *directement* dans ce sens, sans doute parce qu'ils ont la forme de tourbillons. Si donc on tourne le dos au vent, ce n'est pas devant soi qu'on aura les plus basses pressions : « *Étendez alors le bras à gauche*, il sera sensiblement dans la direction du tourbillon. » La direction du tourbillon est celle des plus basses pressions.

On indique donc le plus souvent sur les cartes la direction des vents le long des lignes isobares.

18 août.

XXVII

Congrès de La Rochelle (1).

I. — C'est la première fois que l'Association française pour l'avancement des sciences se réunit dans une ville aussi peu considérable que La Rochelle. La série des grandes villes n'est point encore épuisée. Mais en dépit des appréhensions que pouvait inspirer un manque de ressources inévitable, la cité rochelaise méritait bien les sympathies de la grande Association qui, à l'exemple de ses aînées d'Allemagne et d'Angleterre, s'est proposé dès l'origine un but de relèvement par la diffusion des sciences et qui a fait du même coup œuvre de décentralisation.

(1) Lettres écrites du 24 août au 1ᵉʳ septembre.

Il n'y a pas à s'y tromper, les luttes héroïques qui ont illustré La Rochelle ont eu pour objet moins la défense du protestantisme que celles des franchises municipales.

C'est à la ville libre plus qu'à la cité protestante que Richelieu, dans sa politique impitoyable d'unification, a voulu s'attaquer. Et c'est la ville libre qu'après avoir abattu tant de têtes de puissants seigneurs, il entendait détruire. On sait à quel point, hélas ! il a réussi.

Presque toutes les rues ici ont à montrer quelques restes de ce temps bien passé, où, sous l'uniformité des lois de l'État, la vie locale conservait cette intensité et cette originalité si favorables à l'essor des fortes initiatives et des génies pittoresques dont les œuvres aujourd'hui nous causent tant de surprises charmantes. Presque toutes les rues sont bordées de ces vieux porches massifs, arcades basses, lourdes, irrégulières, disgracieuses qui rendent la rue triste et les rez-de-chaussée noirs, mais permettent aux passants de se promener sans crainte du soleil ou de la pluie. Çà et là des pignons, des sculptures, des portes, qui sont autant d'échappées sur le vieux temps ; des noms qui sont autant de révélations ou de récits et de légendes ; des traces des constructions du douzième siècle, telles que les arcs romains de la rue du Temple ; des maisons entières du quinzième siècle, des clochers et des tours imposants encore dans leur délabrement.

L'hôtel de ville entier est du quinzième et du seizième siècle. Et rien n'est plus intéressant que ce monument, témoin d'un glorieux passé et de tant de scènes tragiques. Il est peut-être unique en son genre. Son aspect extérieur est presque celui d'une forteresse du moyen âge richement décorée. Et cela est bien en rapport avec le caractère guerrier des fiers bourgeois qui l'ont élevé. Il est, en effet, entouré d'un mur d'enceinte avec tourelles, créneaux et mâchicoulis, dont les façades sont sculptées. Ce mur a été achevé en 1486. L'aile principale de l'hôtel, moins un pavillon qui date de Henri II, a été construite sous Henri IV et terminée en 1606, ainsi qu'une porte et un balcon oblique qui donnent sur le derrière et ont aussi un grand caractère et un cachet moyen âge qui réjouissent par ce temps de maisons-casernes.

Dans l'hôtel on montre encore le fauteuil où s'est assis Guiton, son célèbre maire et la table de marbre qu'il a frappée de son poignard en acceptant la mairie sous la condition qu'il pourrait poignarder ceux qui voudraient se rendre aux armées royales.

La Rochelle a visiblement conservé le respect de tous les témoins de son passé. Elle n'a pas trop suivi l'exemple de tant d'autres villes qui de leurs mains profanes ont fait table rase de tout ce qui a fait la vie des ancêtres pour couvrir leur vieux sol de l'uniforme moderne. On peut encore ici, en parcourant les rues, lire clairement des fragments de l'histoire dans ce qu'elle a eu de plus émouvant.

Les fortifications actuelles de La Rochelle sont dues à Vauban et sont, en conséquence, postérieures en grande partie au siège mémorable qu'elle a soutenu. Mais sa grande puissance passée est attestée encore par les lourds donjons qui, toujours solides sur leur base, se dressent inutilement, comme des géants aux membres brisés, du côté de la mer. Dans l'avant-port, à gauche, en regardant la ville, on voit la tour de la lanterne que Rabelais connaissait déjà. Au sommet de la curieuse pyramide lourde qui la couronne une lanterne éclairait les navires.

A l'entrée du port même subsistent toujours les tours Saint-Nicolas et de la Chaîne qui se reliaient autrefois, c'est-à-dire avant le dix-septième siècle, pour former une arche immense sous laquelle les navires devaient passer.

L'œuvre qui a assuré la défaite de La Rochelle, la fameuse digue élevée par Richelieu en avant de sa rade pour couper toutes ses communications avec l'extérieur, n'a pas disparu entièrement. Elle est encore là, fidèle en quelque sorte à la pensée de son auteur, pour gêner le développement maritime de la ville. Elle est là pour témoigner que celle-ci souffre encore du coup terrible que Richelieu lui a porté. C'est en frémissant qu'on relit l'histoire de sa chute.

« Les habitants, dit M. de Quatrefages, dont la notice historique a été rééditée à l'occasion du congrès (1), séquestrés d'une manière absolue, eurent bientôt épuisé tout ce qu'ils possédaient de vivres. La famine devint horrible. Les détails transmis à ce sujet par divers témoins oculaires sont effroyables. Après avoir mangé les plus immondes animaux, après avoir essayé de remplacer le blé par des os et du bois pilés, la viande par du cuir et du parchemin, les Rochelais en vinrent à tromper leur faim avec du plâtre et des ardoises

____

(1) Elle a paru d'abord dans les *Souvenirs d'un Naturaliste.*

broyées. Plusieurs se nourrirent de cadavres, et l'on vit une femme mourir en dévorant son propre bras. Les morts tombés dans les rues y pourrissaient sans sépulture. Les vivants, *couverts d'une peau noire et retirée que les os écorchaient*, éprouvaient d'atroces douleurs au moindre contact. Vers les derniers temps du siège, il mourait jusqu'à quatre cents personnes par jour. Aussi lorsque, après quatorze mois et seize jours de siège, Louis XIII fit son entrée dans La Rochelle, il ne put retenir ses larmes à l'aspect de tant de souffrances, dont les preuves frappaient ses yeux, malgré les précautions prises pour lui en épargner le spectacle. 5,000 Rochelais seulement le reçurent en criant grâce. Des 28,000 habitants que la ville renfermait au commencement du siège, 23,000 étaient morts de faim. »

Une cité paye ordinairement de son existence un si haut héroïsme.

La Rochelle a survécu. Mais ce n'est que fort lentement que sa population s'est refaite, d'éléments nouveaux (1). Et elle n'a pas pu atteindre

(1) Car elle ne compte aujourd'hui que fort peu de protestants.

son chiffre primitif. Elle ne comprend encore aujourd'hui que 22,000 habitants.

II. — Nos lecteurs nous pardonneront ces détails rétrospectifs. La Rochelle vit encore en quelque sorte de ces vieux souvenirs. Souhaitons que, tout en leur restant fidèle, elle puisse reprendre une nouvelle existence.

Nous aurions aimé entendre le maire actuel, dans la séance d'inauguration qui vient d'avoir lieu, nous les rappeler tous en nous souhaitant la bienvenue. Une modestie touchant à la timidité l'a fait se dérober à cette tâche qui devait être si douce à son patriotisme. Plutôt que de l'en blâmer nous préférons le remercier de la simplicité et de la cordialité de l'accueil qu'il nous fait au nom de la ville.

Notre président pour cette année qui est M. Janssens, a rendu lui-même hommage à ce passé de La Rochelle, en termes sobres d'une rare justesse. « La destruction de ses libertés municipales, a-t-il dit, a été un malheur. On aurait pu rattacher cette petite république au faisceau national sans la briser. »

Enfin le secrétai e-adjoint du conseil, M. Émile Trélat, lui a consacré presque tout son discours.

Il a retracé l'histoire de cette commune de bourgeois et de manants, qui a su garder son autonomie pendant cinq cents ans; et qui a tour à tour combattu tous les jougs, celui de la religion qui était alors le catholicisme, celui de l'étranger qui était alors l'Anglais et celui du pouvoir politique qui était alors le roi. C'est un spectacle certes admirable que celui de cette petite cité qui n'a jamais eu 30,000 habitants et qui n'a jamais cependant souffert qu'un seigneur ou qu'un roi franchît le seuil de ses portes, avant qu'il ait juré devant le fil de soie qui les fermait seul, avant d'avoir juré de respecter toutes ses franchises. Aussi, M. Émile Trélat a-t-il pu dire avec raison que nous sommes venus ici nous remémorer ce passé pour y chercher l'exemple des grandes vertus civiques.

Nous n'avons encore rien à dire du côté scientifique du congrès, sinon que M. Janssens, dans son discours d'ouverture, a refait avec une clarté et une éloquence qui ont été applaudies chaleureusement, l'historique de l'astronomie physique.

Nos lecteurs ont été mis au courant de ses derniers travaux dans ce domaine. Après avoir rapidement énuméré les résultats obtenus par la lunette astronomique mise en œuvre par Galilée et puis par l'analyse spectrale, il en est arrivé à ceux que nous fournit depuis 1868 l'application de la photographie. Pendant près d'une demi-heure, il a parlé de ses propres recherches sans se nommer. Sa modestie n'a heureusement abusé personne. Et lorsqu'il a rappelé que l'investigation par la photographie était d'origine française, c'est moins son discours que lui-même et ses travaux que le public a acclamés.

III. — La réception qui nous a été faite à l'hôtel de ville de La Rochelle nous a laissé à tous un charmant souvenir. Ce vieux monument restauré avec luxe en 1877, a, nous l'avons dit, conservé dans la cour intérieure surtout, son caractère primitif de monument de la Renaissance, et de la meilleure. Avec sa façade richement ornée sans surcharges de mauvais goût, les deux tourelles de son mur d'enceinte, son perron, et la petitesse relative de tout cela, il était facile de lui donner l'aspect d'un des plus gracieux décors d'opéra que l'on puisse rêver. Quelques illuminations bien ordonnées et la musique militaire jouant sur le mur d'enceinte, nous ont procuré sans beaucoup d'efforts d'imagination de notre part un instant d'illusion complète.

La ville de Rochefort a préparé aussi une belle réception aux membres du congrès pour aujourd'hui. Il nous plaît de signaler les termes excellents dans lesquels le maire de cette ville a annoncé leur visite à ses administrés. « Ils portent, dit-il, la paix de l'avenir dans les plis de leur drapeau. » Rien de plus profondément vrai !

Mais revenons à La Rochelle. Elle possède d'excellents établissements scientifiques que nous n'avons pas toujours trouvés dans des centres beaucoup plus importants par le chiffre de leur population. Dans beaucoup de musées de grandes et de très grandes villes, par exemple, les objets d'histoire naturelle à peine classés et se courant l'un l'autre sans se rejoindre, sont exposés, semble-t-il, uniquement pour servir de repoussoir aux tableaux et aux curiosités qui attirent le plus la foule. Il n'en est pas de même ici. Des collections d'histoire naturelle forment un véritable muséum avec un jardin des plantes très soigneusement entretenu. Ces collections, très bien classées, offrent des séries complètes et des pièces de grande valeur. Minéralogie, paléontologie, zoologie peuvent y être sérieusement étudiées ; c'est le meilleur éloge qu'on en puisse faire. Il contient plus de 20,000 échantillons. Nous avons surtout remarqué les collections destinées à faire connaître la faune et le sol de la région. Elles contiennent des pièces très rares, telles que certains poissons pêchés accidentellement dans la rade de La Rochelle, que des établissements beaucoup plus considérables, comme le Muséum de Paris lui-même, pourraient lui envier.

De ces dernières collections font également partie, en outre de tous les échantillons de la faune actuelle du département, une série de fossiles, tels qu'un reptile parfaitement restauré, trouvé dans l'île de Ré, et les résultats de fouilles d'une caverne quaternaire de la région, habitée par l'homme, qui du moins peuvent donner une idée des grands animaux qui ont précédé nos animaux actuels et de l'industrie de l'homme à cette époque reculée.

La Rochelle possède plusieurs hôpitaux. L'hôpital militaire a une origine fort ancienne. On y voit encore une salle voûtée à l'abri des bombes, qui peut contenir 70 malades. Son histoire est tracée à l'entrée, sur une plaque de marbre, dont l'inscription est bien caractéristique.

La voici : « L'an 1203, Alexandre Aufredy,

bourgeois et armateur de La Rochelle, tombé, selon la tradition, de l'opulence dans la pauvreté et redevenu riche par le retour inespéré de ses navires, fonda et dota cet hôpital, s'y consacra avec sa femme Pernelle, aux soins des malades et le légua, en 1220, à la commune de La Rochelle. Après le siège de 1628, Louis XIII, le confia aux frères de la Charité. Il a été érigé en hôpital militaire en 1811. »

Bon nombre d'excursions ont déjà été organisées dans les environs de La Rochelle pour les membres du congrès. Et le voisinage de la mer, la nature accidentée des côtes, les variétés du sol dans un pays dont le niveau a changé à des époques récentes, expliquent assez comment ces environs offrent tant de ressources pour alimenter notre curiosité. Nous avons été jusqu'à Saintes dont les monuments romains sont bien connus. Les îles voisines, notamment les îles de Ré et d'Oléron, ont une population qui, par ses mœurs, offrent bien des traits particuliers.

Si l'on va jusqu'à Marans pour remonter la Sèvre vers Niort on découvre un pays qui pour ceux qui ne l'ont jamais vu est une véritable révélation. Autrefois, et jusqu'en 1645, recouvert par les eaux de la mer, ce pays de 40,000 hectares

est aujourd'hui découpé en canaux innombrables
où pullule le poisson d'eau douce. Il est difficile
de se représenter la grandeur et la variété de ses
paysages, avec ses « rigoles » de plusieurs kilomètres en droite ligne et bordées d'arbres élevés
qui leur font une voûte de verdure : avec ses
prairies à la végétation exubérante ; et ses bateaux
plats conduits avec une seule rame sur lesquels
on transporte tout, les bestiaux, les récoltes, le
fourrage, etc.

Dans un village moins éloigné, Esnandes, situé
sur la côte, on va surtout visiter les parcs à
moules. Et pour cette visite on se sert d'un
moyen de transport en mer très singulier. Voici
ce qu'on raconte sur l'origine de ce moyen de
transport, en usage aujourd'hui sur toute la côte
vaseuse qui confine l'embouchure de la Charente,
et sur l'origine de la culture des moules.

En 1035, une barque irlandaise vint échouer à
une demi-lieue d'Esnandes. Le patron, nommé
Walton, fut seul sauvé. Il s'établit où les hasards
de la tempête l'avaient porté, et là il inventa d'a-
bord les filets d'*Allouret*, servant à prendre les
oiseaux qui rasent l'eau pendant les soirées et
les nuits obscures. Mais pour tendre ces filets, il
devait aller assez loin dans les vases. Son inven-

tion le conduisit à une autre, celle de l'*acon* ou *pousse-pied*, comme on l'appelle à Fouras, station de bains de mer la plus voisine de Rochefort et de la Charente. Le pousse-pied est une boîte quadrangulaire allongée de deux à trois mètres et large de cinquante centimètres, qui présente à l'arrière un rebord assez large. Un homme seul peut facilement la traîner sur le sable jusqu'à la vase. Arrivé là, il relève son pantalon de manière à avoir ses deux jambes nues jusqu'au milieu de la cuisse, il met un genou sur le rebord de l'arrière, se courbe pour appuyer ses deux mains en avant sur les parois latérales et de sa jambe libre qu'il enfonce dans la vase il pousse son esquif. Celui-ci glisse comme un traîneau sur la glace, et c'est un spectacle curieux du haut des falaises argileuses de Fouras, par exemple, de voir ces pêcheurs ne faire qu'un avec leur pousse-pied, circuler dans le lointain, à la limite même de la mer à marée basse, à plusieurs kilomètres de la côte, pour visiter les lignes de pieux à l'aide desquels ils retiennent le poisson.

Car sur la côte, près de l'embouchure de la Charente, c'est à l'aide de pieux formant à l'horizon d'immenses lignes noires, qu'on prend surtout ces excellentes petites anguilles vertes, les vraies anguilles de mer, et les carrelets. Quant à la culture des moules elle est spéciale à Esnandes. Walton, en visitant les piquets de ses allourets, s'aperçut un jour que le frai des moules s'y attachait, et qu'en pleine mer il donnait des coquilles supérieures par la grosseur et la qualité. C'est alors qu'il imagina les bouchots, angles immenses formés de pieux et de clayonnages, dont la pointe se dirige vers la pleine mer. Ces angles ne sont pas fermés, mais à la pointe ouverte sont disposés des filets qui arrêtent le poisson au moment du reflux. Ce sont donc aussi des systèmes de pêcheries en même temps que des parcs à moules. Aujourd'hui, on ne se borne pas à laisser le frai se fixer de lui-même sur les fascines; on l'y apporte. Les petites moules éclosent au printemps. Elles ne sont pas plus grosses que des lentilles jusqu'à la fin de mai et que des haricots en juillet. A cette dernière époque, où elles portent le nom de *renouvelain*, on les détache des bouchots placés au plus bas de l'eau et on les place dans des poches faites de vieux filets, que l'on fixe sur des clayonnages moins avancés en mer. Elles ne tardent pas à s'y fixer à l'aide de leur *byssus*. A mesure qu'elles grossissent on les éclaircit et on les *repique* sur de nouveaux pieux encore plus près du rivage. Enfin lorsqu'elles ont atteint toute leur grosseur, on les *plante* sur les bouchots les plus élevés, et c'est là qu'on les récolte journellement pour les expédier par La Rochelle jusqu'à Bordeaux, Limoges, Poitiers, Tours.

Lorsque les boucheleurs arrivent au nombre de 80 à 100 avec leurs pousse-pied chargés, on peut assister à une cuisine amusante. Ils font avec leurs mains des trous dans le sable, rapidement, y passent leurs moules et leurs poissons pleins de vase et pendant qu'on charge le tout dans les vingt à trente voitures qui attendent, ils font leur toilette et dépouillent leurs jambes de l'épaisse couche de boue gluante gris-bleuâtre qui les couvre. Leurs parcs ou bouchots qui ont jusqu'à un kilomètre de longueur, occupent une étendue de dix kilomètres de la côte à la pleine mer sur quatre kilomètres de large.

Ils transportent volontiers des voyageurs dans leur étroite boîte. Bon nombre de membres du congrès se sont décidés à visiter leurs parcs dans cet équipage. Il paraît, d'ailleurs, qu'à la saison où le gibier d'eau foisonne dans les bouchots, les amateurs prennent beaucoup de plaisir à y aller chasser en *acon*.

IV. — Nous ne voudrions pas clore cet aperçu très général de l'exploration de La Rochelle et de sa région sans parler de son nouveau port.

La rade de La Rochelle, nous l'avons dit, est encore coupée par la digue de Richelieu, ne laissant qu'une étroite ouverture en face du port. C'est par cette ouverture qu'indique une tourelle noire, que tous les navires doivent passer et, pour gagner ensuite le port, ils sont obligés de suivre un chenal étroit dont la direction est marquée par deux phares inégaux, sur le quai même de la Rochelle, qui, vus du chenal, restent toujours dans le même plan. Le reste de la rade est complètement envasé et le chenal lui-même comme le port sont impraticables aux gros navires. Des dragues se tiennent en permanence le long du chenal pour le maintenir libre pour les petits.

Divers moyens ont été proposés pour remédier à cette situation. On a songé en particulier à relever et à clore complètement la digue de Richelieu pour débarrasser ensuite la rade de ses vases. Mais ce projet eût entraîné des dépenses trop considérables et n'eût abouti à rien de définitif. A la suite de la visite de M. de Freycinet, dont on se souvient bien, M. Bouquet de la Grye, chargé d'explorer les fonds maritimes le long de la côte, a donc proposé de creuser un nouveau port dans la baie de La Palice, au nord-ouest, presque en face la pointe de l'île de Ré, à 4 kilomètres de La Rochelle. Ce port est aujourd'hui en voie d'achèvement.

M. Bouquet de la Grye nous a exposé avec beaucoup de clarté, à quelles conditions, à quelles nécessités il répond, et quel avenir commercial sa construction ménage à La Rochelle.

Selon lui la masse énorme des vases qui se déposent le long de la côte, dans le grand estuaire formé par les îles, provient de la Gironde, à peu près en totalité.

La Gironde descend à la mer en une nappe grise qui, à une distance, s'arrête en apparence brusquement, mais qui, en réalité, est poussée par un courant sud-nord, et descend la déclivité des couches marines en formant un immense fleuve de boue jusque près de Brest. Là un nouveau courant la saisit pour l'entraîner à l'ouest dans les grands fonds de 300 à 3,000 mètres. Il se forme donc, à peu de distance de nos côtes, un immense dépôt argileux. On estime à 3 ou 4 millions de mètres cubes de vase son contingent annuel. Dans les tempêtes, une partie de cette vase est apportée à la côte.

Ce n'est pas tout. Lorsque la marée monte, elle refoule en quelque sorte le courant de la Gironde qui, pressé de plus en plus par le flot marin, s'échappe par une tangente à la côte, monte jusqu'à Oléron et se déverse dans l'estuaire de la Charente par la passe de Montmusson qui sépare cette île de la terre ferme. Il fait alors, si peu que le vent s'en mêle, un bruit effroyable qui s'entend à plusieurs kilomètres et est bien connu des pêcheurs. Mais dès qu'il est à l'abri des îles, il se calme et ses vases se déposent.

C'est ainsi que l'embouchure de la Charente s'est sans cesse avancée dans la mer; que cette rivière traverse aujourd'hui des plaines vaseuses, où la fièvre est en permanence, et que tout le fond de l'estuaire formé par les îles s'est lentement élevé. C'est ainsi que le port de La Rochelle, d'abord plus avant dans l'intérieur des terres, a perdu sans cesse sa profondeur, que sa rade est devenue et deviendra de moins en moins praticable.

Les anciens plans de la ville nous la montrent dans des conditions maritimes bien meilleures. L'envasement, qui peut s'évaluer en moyenne à

2,600,000 mètres cubes par an, est donc un phénomène trop constant et trop considérable pour qu'on puisse lutter directement contre lui.

Le nouveau port de *La Palice*, situé à l'entrée même de l'estuaire, sera à l'abri de cet envasement. Le promontoire dans lequel il est creusé, n'a subi, depuis plusieurs milliers d'années, au milieu des vicissitudes des côtes voisines, ni accroissement ni diminution sensibles. Ni diminution, disons-nous. Car il faut encore tenir compte de l'action corrosive de la mer sur les côtes qui est d'environ 50 centimètres par an et qui a séparé visiblement, dans le cours de notre époque géologique, Fouras de l'île Madame. Elle ronge incessamment les reliefs en comblant les fonds.

Les marées mettent en mouvement six milliards de mètres cubes d'eau. Et l'action des lames sur les entrées ou passes de l'estuaire représente une force de vingt millions de chevaux vapeur.

L'éloignement du nouveau port de La Rochelle a bien un inconvénient passager. Mais les plus grands navires pourront s'y réfugier, même au moment des tempêtes. Et sa position sur l'Océan, est à ce point de vue tout à fait de premier ordre. Sa longueur est de 400 mètres et sa largeur de 200, dans la première partie. Lorsque le commerce se sera assez développé pour qu'il soit presque trop petit, on le réunira facilement par un canal à de nouveaux bassins plus près de La Rochelle, et il ne sera alors qu'un avant-port réservé aux plus gros navires. Les nouveaux bassins eux-mêmes seront enfin reliés au port actuel.

La Rochelle sera alors certainement passée au rang de grande ville.

Ce sont là de bien beaux horizons qui s'ouvrent devant elle. Mais les grands avantages maritimes dont elle jouira bientôt, et sa position comme tête de ligne du commerce du centre de la France, de la Suisse, etc., lui permettent ainsi que son passé glorieux, de nourrir les plus vastes espoirs.

XXVIII

De l'exhaussement de la taille en Savoie. — L'endémie goitreuse au point de vue de son influence sur la stature.

Au congrès de l'Association française qui a été tenu à Alger en 1881, M. le docteur Carret a présenté deux longs mémoires tendant à démontrer un fait des plus inattendus, en contradiction même avec les notions admises ; c'est qu'en Savoie la taille de la population s'était élevée d'une manière très sensible en un temps fort court. Sa méthode d'investigation, d'abord suspectée, a été examinée séance tenante et trouvée correcte. Il n'avait donc pas été victime d'une erreur de ce côté. Il était néanmoins impossible d'admettre que la taille des Savoyards ait pu augmenter en moyenne de 6 centimètres, et dans quelques cantons de 22 centimètres, en l'espace de deux générations, d'environ 60 ans, comme le soutenait M. Carret; d'autant plus que les raisons qu'il donnait pour expliquer cet énorme changement, paraissaient vraiment trop simples ou trop peu plausibles.

Il ne pouvait invoquer que les progrès du bien-être. Ces progrès ont été considérables en Savoie. Mais les conditions de bien-être sont très variables non seulement dans la suite des temps, mais à la même époque au sein des classes d'une même population. Or, la taille, loin de varier de la sorte, est un des caractères ethniques les plus constants. Cela n'a pas besoin d'être prouvé. Tout le monde sait quel rôle joue sa mesure dans la détermination des races.

Son étude a permis à Broca, pour ne citer que cet exemple, de reconnaître à plusieurs siècles de distance les aires géographiques des deux principales races, kymrique et celtique, qui ont peuplé la France. Et l'étude de tous les autres caractères, la forme du crâne, la couleur des cheveux etc., est venue ensuite confirmer la distribution faite d'abord uniquement d'après elle.

Si l'on pouvait prouver que des changements

dans le bien-être peuvent la modifier notablement en un demi-siècle, sa valeur ethnique serait détruite d'un seul coup. Il n'est douteux pour personne que cette preuve, à supposer qu'elle puisse jamais être faite, reste entièrement à faire.

Au dernier congrès de l'Association française qui a eu lieu à La Rochelle, M. Carret a présenté une étude de laquelle il résulterait que le poison goitrigène, localisé dans certains sols, agirait plus ou moins selon les saisons, et que la taille des enfants nés dans ces saisons varierait dans un certain rapport avec cette action. Il s'est volontairement abstenu de toute conclusion définitive à cet égard. Mais il a volontiers reconnu, sur notre demande, que l'endémie goitreuse, exerçant une influence abâtardissante, pouvait par son intensité, faire plus ou moins diminuer la taille d'une population. Un autre membre du congrès, M. Pommerol, a fourni dans ce sens une observation probante.

Nous nous sommes donc demandé s'il ne fallait pas chercher de ce côté l'explication de l'exhaussement de taille signalé l'année dernière par M. Carret.

Il y avait, à ce sujet, une première question à écarter. On a supposé l'existence d'une immunité relative dont jouiraient certaines races par rapport aux autres. Nous ne connaissons aucun fait en faveur de cette hypothèse. Et nous ne sachions pas que les commissions d'enquête française et sarde aient rien fourni qui ait pu la suggérer.

On a constaté l'action des eaux goitrigènes dans tous les pays du monde. Il y a des goitreux parmi les Indiens dans toute l'Amérique. Au Brésil, les Indiens, les nègres et surtout les métis seraient même plus souvent affectés que les blancs. Le goitre et le crétinisme sont endémiques à Bornéo, Sumatra, Java, Ceylan, dans le Kashgar, l'Assam, le Nepaul, au nord du lac Baïkal, en Chine, dans l'Oural, dans l'Inde, dans l'Atlas, chez les Berbères, les Arabes, les Marocains, les nègres Mandingues, etc., etc.

Ce qu'il y a de plus singulier, c'est que les animaux eux-mêmes sont fréquemment attaqués. Des porcs, des chiens goitreux, ont été observés déjà par les anciens. On a vu souvent des bœufs, des chèvres, des agneaux, même des antilopes avec des goitres volumineux.

Les mulets, paraît-il, sont plus particulièrement sujets à cette affection. Et il n'est pas rare de rencontrer parmi eux, comme parmi les chevaux et les chiens, des cas de crétinisme très accusés.

Ces faits ne laissent aucune probabilité en faveur de l'existence d'une immunité quelconque vis-à-vis du goitre chez certaines races humaines.

Cette question écartée, y a-t-il lieu de présumer que les eaux goitrigènes peuvent affecter la force, l'intelligence et la stature des individus? Évidemment, pour tous ceux qui admettent la théorie unitaire exposée d'une manière absolument convaincante par M. Baillarger, qui voient dans la dégénérescence crétineuse le résultat de l'influence congénitale des eaux goitrigènes, le dernier terme d'une affection dont le goitre est le premier.

Avant l'existence même de cette théorie, on soupçonnait d'ailleurs une relation semblable. N'est-ce pas en effet, par exemple, à l'influence des eaux qu'ils buvaient qu'on attribuait l'esprit lourd des Béotiens, qui sont d'ailleurs encore aujourd'hui infectés de crétinisme?

Resterait, après avoir fixé ce point, à nous demander si l'accroissement du bien-être modifie favorablement l'influence des eaux goitrigènes.

Un médecin allemand, le docteur Knapp, a examiné cette question il y a peu d'années à l'aide d'une enquête assez importante sur les goitreux et les crétins de Styrie. De cette enquête il résultait, si notre mémoire ne nous trompe point, que l'accroissement du bien-être agissait moins en renforçant la résistance vitale des individus en général, qu'en diminuant indirectement l'influence de l'eau goitrigène. Il semble que celle-ci peut agir même par les légumes et les fruits que l'on mange. Aussi on aurait vu la diminution du goitre coïncider avec une augmentation sensible dans la consommation du vin et de la viande.

Il faudrait donc savoir si, depuis le commencement du siècle, l'endémie goitreuse a grandement diminué en Savoie. Les statistiques officielles sont malheureusement très trompeuses à ce sujet. Et il est difficile de connaître la vérité.

Si cependant on administre en Savoie, comme en d'autres régions, de l'iode aux enfants des écoles, par mesure générale, on peut assurer d'avance que le nombre des goitreux doit y être aujourd'hui bien moindre qu'autrefois. Cela seul établirait donc une présomption en faveur de l'influence du goitre sur le changement de taille signalé.

(Congr. de la Rochelle.)

XXIX

La légende des hommes à queue dans l'état actuel de la
science.

La question de l'existence d'hommes munis
d'un appendice caudal a été examinée ces dernières années, à plusieurs reprises, et traitée encore dans l'une des dernières séances de la
Société d'anthropologie. Bien des confusions
règnent encore à son endroit. Voici comment,
pour la mettre sous son vrai jour, nous l'avons,
en dernier lieu, posée au congrès de la Rochelle.

Aucune des observations d'hommes à queue
rapportées néanmoins avec une précision étonnante, jusque dans ces dernières années, n'est

restée valable à la lumière de l'anatomie et de saines considérations physiologiques.

Les vertèbres articulées avec les os coxaux se soudent et forment le sacrum. A ces vertèbres s'ajoutent parfois, aux dépens de la queue, d'autres vertèbres appelées en ce cas vertèbres sacrées accessoires.

Au delà de ces vertèbres, il en est toujours qui recouvrent leur indépendance ; ce sont les vertèbres caudales, qui se divisent en vraies vertèbres ayant un canal rachidien et en fausses vertèbres sans canal rachidien.

Le coccyx des primates sans queue est donc un rudiment de queue. Il se ramène à trois types : celui du cynocéphale nègre, celui du magot et celui de l'homme.

Le coccyx du cynocéphale nègre, du loris et du nycticèbe de Java se compose de six vertèbres dont les trois premières sont canaliculées. Il représente une atrophie de la queue dont tous les degrés se retrouvent chez les autre singes.

Chez le magot, le coccyx a de une à quatre pièces. Mais ces pièces sont toutes de vraies vertèbres. Dans ce type de coccyx, l'atrophie aurait porté uniquement sur les fausses vertèbres de l'extrémité de la queue.

Chez l'homme, une partie des vertèbres du coccyx, toutes les vraies vertèbres, se sont réunies au sacrum pour former des vertèbres sacrées accessoires et renforcer la station verticale. La même chose d'ailleurs a lieu chez les anthropoïdes.

Le coccyx, chez le premier comme chez les seconds, se compose donc uniquement de fausses vertèbres, à l'inverse de ce qui a eu lieu chez le magot.

Que faudrait-il donc pour que l'existence de véritables queues, au sens vulgaire de ce mot, fût autre chose qu'une apparence chez certains hommes?

Il faudrait que l'état fœtal persistât ou s'exagérât même. Il faudrait que le sacrum restituât ses vraies vertèbres au coccyx et que celui-ci s'accrût en acquérant la faculté de se mouvoir.

Or, il n'existe dans la science aucune observation positive d'un cas semblable. M. Virchow a disséqué un appendice caudal de 7 cent. 1/2 qu'avait un enfant nouveau-né. Il n'y a même pas trouvé de traces de tissu musculaire. Son tissu blanc et dur se présentait sous le microscope comme un amas de cellules graisseuses dans lequel, çà et là, se trouvaient disséminées des cellules ressemblant aux jeunes cellules musculaires.

Contrairement aux conclusions d'un médecin allemand, M. le docteur Max Hortels (*Archiv für Anthrop.*, 1880, 1) qui a repris la question, il y a deux ans, nous inclinerions même à croire qu'on n'observera jamais de cas de véritable queue chez l'homme. Ce n'est pas seulement parce que cette queue serait en discordance avec tout le reste de notre organisme ; mais encore parce qu'on ne l'a pas trouvée même chez un fœtus d'orang-outang.

Il y a encore quelque chose de plus décisif contre toutes les probabilités de son existence : « Sur » plusieurs centaines de fœtus humains, M. Ecker » n'a pas vu une seule fois que l'excroissance en » forme de queue de l'embryon se soit maintenue » réellement au delà de la moitié de la vie » fœtale. »

C'est donc à tort, selon nous, que l'on a fait intervenir l'atavisme en présentant deux photographies d'hommes à queue dans une des dernières séances de la Société d'anthropologie. Il y aurait peut-être davantage lieu de voir son action dans les cas d'*hypertrichosis sacralis* qui auraient donné corps à la légende des hommes à queue, de même que les confusions sur la nature des singes. Et cependant il n'est pas absolument démontré que cette abondance fréquente de poils à la région sacrée soit en rapport avec l'existence d'une queue disparue.

. Quelle est donc la nature de l'appendice caudal observé de temps en temps chez l'homme? Ce serait une malformation. Et ce qui lui confirme ce caractère avant toute enquête plus approfondie, c'est sa fréquence relative. Voilà qui paraîtra peut-être surprenant. Mais il faut considérer que non seulement on n'a jamais pu et on ne pourra jamais rechercher les cas où il se présente, qu'il sera toujours difficile de l'observer et que, cependant, on l'a observé un certain nombre de fois. Sans énumérer les observations douteuses et celles rapportées, par exemple, par M. Mohnike, nous pouvons dire que M. Max Hortels en a réuni dix-neuf cas bien constatés. Ils se sont pour ainsi dire présentés d'eux-mêmes. On en a signalé encore deux dernièrement à la Société d'anthropologie. Et enfin nous avons des indices que des cas ne seraient pas du tout introuvables à Paris même.

M. Nicole nous a en effet appris qu'en 1880, lors de la revision des conscrits, M. E. Blin, adjoint au maire du dix-huitième arrondissement, a observé deux hommes à queue. Nous n'entrerons pas dans le détail de sa description. Cela n'est point utile pour notre démonstration.

Nous répétons seulement après cela que, si l'on pouvait rechercher dans des conditions satisfaisantes tous les cas semblables, on constaterait qu'ils ne sont pas si rares qu'on l'a cru, et qu'ils n'ont pas ce caractère extraordinaire qu'on a voulu leur donner.

(Congr. de La Rochelle.)

XXX

I. — Grand nombre de comètes depuis 1880. — La comète du
12 septembre. — Mécanisme de la formation des comètes.
— Origine de leur queue. — Nature de la matière cométaire. — Composition de la comète du 12 septembre. —
II. — La matière à l'état radiant. — Extrême raréfaction de
la matière cométaire, et analogie des phénomènes qu'elle
présente avec ceux de la matière à l'état radiant. —
III. — Histoire de la défunte comète de Biela. — Mécanisme
de l'émiettement de la matière cométaire qui donne naissance aux étoiles filantes. — IV. — Régénération des combustibles par l'action directe du soleil, à deux millièmes de
pression. — Le vide des espaces interplanétaires.

I. — Les comètes font étonnamment parler
d'elles depuis quelque temps. Il y en a près de
douze qui sont venues se précipiter sur notre
soleil depuis 1880.

Celle qui a été observée au Brésil, le 11 septembre dernier (1), et qui a été vue sur notre continent à partir du 17 du même mois, n'est pas des moins remarquables. Le temps nuageux qui n'a pour ainsi dire pas cessé de régner sous notre latitude, a empêché qu'elle fût visible pour nous comme pour les habitants du Midi. Cet accident démontrerait bien, si cela était nécessaire, que les comètes n'ont pas d'influence sur nos saisons. Le vin de cette année, pour avoir été fait précisément au passage d'une comète à son périhélie, n'en sera pas moins médiocre, comme nous ne pouvons que trop bien le prévoir.

Nous n'entrerons ici dans aucun des détails qu'on aura pu lire dans les nouvelles journalières (2). Remarquons seulement d'abord, en vue des explications que nous avons à donner, la brusquerie avec laquelle la comète du 12 est ap-

(1) Elle est dite comète de Finley-Cruls ; car elle a été découverte indépendamment le 9 septembre au Cap par M. Finley et le 11 septembre au Brésil par M. Cruls. Elle est la troisième et la plus grande de l'année, la première étant celle de Wells, la seconde celle aperçue sur le disque solaire pendant l'éclipse du 16 mai. Une quatrième comète a été observée le 14 septembre par M. Bernard ; et une cinquième, le 6 novembre par M. de Bernardière (Chili).

(2) On les trouvera résumés par exemple dans la *Revue d'Astronomie* de M. Flammarion.

parue dans le voisinage du soleil. Il y a de ce fait
une excellente raison : c'est que les comètes qui
circulent par millions dans les espaces éloignés
ne sont pas visibles et se présentent, quand elles
le deviennent, sous la forme d'une très petite né-
bulosité ronde, sans éclat, avec un point central
plus brillant. Elles s'allument pour ainsi dire ou
plutôt se dilatent et s'empanachent d'une queue
uniquement lorsque, entraînées vers le soleil, elles
arrivent pour ainsi dire à raser la surface de cet
astre en suivant, avec une vitesse accélérée jusqu'au moment de leur retour, une courbe ellip-
tique fort allongée. Ce qui se passe dans ce cas
s'explique aisément par l'attraction et la chaleur
solaire. Les matériaux de plus en plus dilatés, qui
entourent le noyau cométaire, commencent par
se porter en avant vers le soleil et en arrière à son
opposé, comme nos océans dans le phénomène
de la marée.

Puis cet allongement devient tel que l'action
du noyau est annulée, que la comète ne peut plus
retenir les parties éloignées de son atmosphère et
qu'elle fuse littéralement aux deux bouts. La
chaleur solaire repousse alors ces particules tenues de matériaux dissociés, lorsque la comète
arrive à son périhélie, à l'extrémité de son ellipse

ou le plus près du soleil. Cette action répulsive combinée avec la marche de la comète donne naissance à cette queue souvent double qui nous révèle en apparence brusquement presque seule l'existence de l'astre.

Cette queue est comparable à la fumée d'un paquebot ou d'une locomotive en marche dans une atmosphère tranquille. Lancée par émissions successives, cette fumée s'élève en l'air, de manière à former un panache qui, reformé sans cesse à fur et à mesure que son extrémité se dissout, semble faire corps avec la cheminée d'émission et la suivre en se courbant légèrement d'avant en arrière. La queue d'une comète diffère du panache de fumée en ceci qu'elle se redresse vers le point le plus rapproché du soleil, parce qu'elle est toujours repoussée dans le sens opposé à la direction de celui-ci qui passerait de droite à la gauche d'un observateur placé sur la comète. Elle diffère encore en ceci du panache de fumée que dans le vide des espaces interplanétaires elle ne rencontre pas d'obstacle comme l'air qui arrête et annule le mouvement imprimé à la fumée par la locomotive ou le paquebot. La queue d'une comète suivrait donc celle-ci, si elle n'était pas rejetée au loin par le soleil. Mais, sous cette action répulsive, elle se comporte exactement comme le panache de fumée, et avec la vitesse énorme de l'astre duquel elle est détachée, cette fumée cométaire forme rapidement, comme on l'a vu en 1843, des panaches de 76 millions de lieues de longueur. Lorsque la comète en s'éloignant du soleil reprend sa forme primitive, elle a perdu tous les matériaux qui ont successivement composé sa queue.

La ténuité et la rareté de ces matériaux sont, d'ailleurs, inimaginables, et cela aide à comprendre l'action répulsive du soleil qui s'exerce sur eux. Un simple brouillard de quelques centaines de mètres d'épaisseur nous masque le soleil, tandis que *les queues de comète qui ont plusieurs milliers de lieues d'épaisseur ne nous cachent pas les plus petites étoiles*. Aussi, pour les photographies, il faut une demi-heure de pose, c'est-à-dire trois cent mille fois le temps nécessaire pour photographier un nuage éclairé par le soleil.

Cette ténuité résulte, de ce que, si la comète émet des vapeurs sous la moindre impression des rayons solaires, parce que le vide interplanétaire serre de fort près sa très petite masse, ces vapeurs tendent à se condenser immédiatement pour la même raison. L'analyse spectrale nous montre par suite que la plus grande partie de la lumière d'une comète est, en général, de la lumière solaire réfléchie par des particules non gazeuses disséminées dans un grand espace.

Cependant on a constaté aussi que les comètes avaient une certaine quantité de lumière propre. Elles sont donc le siège de certaines combustions. Le spectre de cette lumière propre des comètes est assez semblable à celui de certains hydrocarbures traversés par l'étincelle électrique.

MM. Thollon et Gouy, ayant opéré avec un spectroscope trop peu dispersif n'ont toutefois pas observé dans la comète du 12 septembre les bandes du carbone, signalées pourtant par M. Cruls. Ils ont constaté en revanche, comme M. Cruls, les raies brillantes du sodium déplacées vers le rouge.

Ces raies étaient disparues le 9 octobre, une heure avant le lever du soleil.

On n'en avait jusqu'à présent observé de semblables que dans la comète de Wells qui ne date que de quelques mois, et l'on s'est demandé si ces deux comètes n'étaient pas les deux tronçons d'une ancienne comète brisée. Mais la constitution de toutes les comètes est sans doute la même. Et la

présence des raies du sodium dans le spectre de la
comète de Cruls tient, soit à ce qu'elle s'est appro-
chée plus près du soleil qui a pu ainsi déterminer
la vaporisation du sodium qu'elle contenait, soit
à ce que les choses avec elle se passent comme
avec un carbure gazeux qui, traversé par l'effluve
électrique, donne les bandes du carbone, sans
laisser voir les raies des fines poussières métalliques qu'il peut tenir en suspension (1).

II. — Nous venons de dire que la chaleur solaire commence par échauffer et dilater extrêmement la matière d'apparence gazeuse des comètes
et qu'ensuite cette même chaleur, après cette di-
latation poussée jusqu'à la séparation des molécules et leur soustraction à toute force attrac-
tive, repousse ces molécules au loin dans l'espace.
Certains astronomes substituent à l'action répulsive de la chaleur celle de l'électricité. Et ils attri-
buent alors aux molécules ainsi chassées la
vitesse de 300,000 kilomètres à la seconde que l'on
donne à l'électricité.

Quoi qu'il en soit, les phénomènes dont la matière cométaire est le siège, ne sont probablement

(1) Le spectre de la grande comète de l'année dernière
était semblable à celui de la flamme de l'alcool.

pas sans une analogie fondamentale avec ceux présentés dernièrement par la matière à l'état radiant, dans les expériences célèbres de M. Crookes. Dans ces expériences, M. Crookes, en faisant un vide correspondant à un millionième de pression atmosphérique, a obtenu de la matière raréfiée, dont les molécules, recouvrant leur autonomie plus complètement qu'à l'état gazeux, et cela au dépens de l'individualité physique des corps dont elles faisaient partie, subissent et transforment d'une façon particulière uniforme les actions extérieures (1). Si on les expose à l'action d'un courant électrique, elles sont projetées en ligne droite par le pôle négatif; et rencontrant la paroi du tube qui les contient ou tout autre obstacle, elles deviennent phosphorescentes. Elles finissent, si on leur fait frapper la même surface, par développer une chaleur capable de fondre le verre et les métaux (2).

(1) L'électricité et la chaleur, pourrait-on dire, semblent agir sur elles non plus en les électrisant ou en les échauffant, mais en les faisant mouvoir, en tant que mode de mouvement qui reprend d'ailleurs sa forme primitive lorsque les molécules en question le transmettent à quelque corps interposé.

(2) Elles peuvent, en outre, produire un effet mécanique en frappant les ailes en mica d'un moulin qui tournent sous

Or, la matière des comètes est bien près d'être à l'état radiant. Elles ont moins de poids, en effet, que certains de nos monolithes et occupent des espaces immenses. La comète de Donati, par exemple, qui avait le poids d'une sphère d'eau de 400 mètres de rayon, s'étendait sur une superficie de 88 millions de kilomètres, et sa queue avait un cube que l'eau de la sphère en question à l'état de vapeur aurait été impuisante à combler. La comète de 1861 avec un poids de 58,000 kilogrammes s'étendait sur une longueur de 68 millions de kilomètres.

Comment et pourquoi le soleil électriserait-il négativement ces molécules disjointes des comètes pour les projeter en droite ligne dans l'espace, comme dans les expériences de M. Crookes? Voilà ce qui n'est pas clairement expliqué. L'électricité n'est une force qu'autant qu'elle est décomposée en ses deux courants opposés, et elle ne se décompose que d'une façon fugitive dans les conditions de notre monde. De plus, elle ne passe pas à travers un vide trop complet comme celui qui sépare le soleil des planètes.

leur action. L'aimant les fait dévier de leur course qu'elles continuent dans une autre direction.

23.

III. — Telle est du moins la doctrine de M. Faye qui, repoussant l'intervention de l'électricité, s'explique de la façon suivante :

Nous voyons les comètes se décomposer graduellement en précipitant leur course étonnante de vitesse à travers le ciel.

La comète de Biela en particulier a pu être suivie dans toutes les phases de sa destruction. Observée pour la première fois en 1826, sa périodicité était de 2,417 jours, de six ans trois quarts. Après son passage au périhélie (le plus près du soleil), en 1846, elle s'est divisée en deux masses ayant chacune leur queue particulière et marchant parallèlement, à une distance d'au moins dix minutes de degré, en parcourant ainsi un espace de 70 degrés.

Le 19 décembre 1845, elle était encore simple. Seulement elle s'était allongée en forme de poire.

Le 29 décembre, six jours après, on fut fort surpris de la voir double.

En 1852, on revit ses deux parties. La première, plus grande, fut aperçue par Secchi le 13 août ; la seconde par Struve. Mais elles s'étaient arrondies et s'étaient grandement écartées. En 1846, la distance qui les séparait était de 60,000 lieues ;

en 1852, cette distance était de 500,000 lieues d'après le père Secchi.

Remarquons en passant que ce dédoublement n'est pas unique en son genre, comme nous le voyons affirmer par certains auteurs. Les annales chinoises citent trois doubles comètes marchant ensemble dans l'année 896.

La comète de Biela n'a pas été revue en 1859. On l'attendait avec impatience à la fin de 1865. Elle devait passer au périhélie le 29 décembre. Mais c'est inutilement que les plus puissantes lunettes ont fouillé le ciel à ce moment.

Il lui était arrivé malheur.

En 1872, le 27 novembre, la terre a passé auprès d'un essaim d'étoiles filantes dont l'orbite était exactement celle de la comète de Biela. Cet essaim était donc tout ce qui en restait. Il en est certainement tombé des fragments sur notre terre sous forme d'aérolithes. Et nous possédons sans doute ainsi pas mal d'échantillons des parties pierreuses et métalliques d'anciennes comètes décomposées.

L'identification des essaims d'étoiles filantes avec d'anciennes comètes n'est d'ailleurs pas nouvelle. Chladni, physicien allemand, mort en 1827, l'avait déjà faite en reconnaissant une périodicité dans le retour des essaims d'étoiles filantes.

Leverrier a calculé, en 1867, que l'essaim d'étoiles filantes qui coupait l'écliptique le 13 novembre, avec une périodicité de trente-trois ans un quart, avait à peu près les mêmes éléments (durée de révolution, excentricité, distance périhélie, etc.) que la comète de Tempe de 1866. Une pareille concordance a été trouvée entre les essaims de décembre et la comète de Biela, entre ceux d'avril et la comète de 1861, entre les époques de retour de la comète de 1843 et des chutes d'étoiles filantes qui, d'après le docteur Linsch, se sont régulièrement reproduites dix-neuf fois de 260 avant notre ère jusqu'en 1806, etc.

Quel est le mécanisme de dissociation des comètes ?

Le mouvement dans les espaces célestes n'est pas soumis à cette sorte de contingence où nous le voyons engagé sur la surface terrestre, modifié incessamment par les résistances et les frottements. Il n'y a dans le ciel ni résistance ni frottement pour ainsi dire, et le mouvement y apparaît dans sa perpétuité. Dans ces conditions que peut-il arriver à un corps soumis de très près aux rayons solaires sans qu'une enveloppe atmosphérique modifie, tamise ou retienne ceux-ci? Supposons par exemple un flocon de neige dans la situation d'une comète à son périhélie. Il projettera, sous l'action directe de la chaleur solaire, des vapeurs à de grandes distances. Ces vapeurs rencontrant le froid des espaces interplanétaires, se solidifieront. Mais ces éléments solides, soumis aussi à l'action de la chaleur solaire projetteront à leur tour des vapeurs plus tenues. C'est ce phénomène sans cesse renouvelé qui formerait tout le mécanisme de l'émiettement des comètes.

A mesure qu'elle s'émiette, la matière, semble-t-il, s'éloigne des centres stellaires. On a calculé qu'il pouvait y avoir 20 millions de comètes circulant dans l'orbite de Neptune.

Nous ne connaissons de l'univers, dit M. Faye, que la voie lactée, amas d'étoiles dont nous faisons partie et dont personne n'ignore la disposition. Aux confins de cet univers existent des nébuleuses, non des amas d'étoiles, mais des amas de matière diffuse. Ces nébuleuses ne se distribuent pas comme les amas d'étoiles. Elles se groupent aux deux pôles de la voie lactée. Leur matière diffuse est d'une ténuité inimaginable. Elle est comme la matière des comètes émiettées et chassée au loin avec une vitesse prodigieuse.

IV. — L'illustre physicien anglais, M. Siemens, qui a soutenu naguère que l'espace interplanétaire était occupé par une matière très raréfiée, vient de présenter une curieuse théorie sur le soleil. On sait que la lumière solaire agissant sur la matière verte ou chlorophylle des plantes décompose les produits des combustions organiques et reprend, par exemple, à l'acide carbonique son carbone pour en refaire un aliment. M. Siemens prétend qu'elle peut produire la même action chimique directement, sans l'intervention de la chlorophylle et régénérer ainsi les combustibles de notre atmosphère, décomposer les produits des combustions minérales ou organiques. Il a fait des expériences pour le démontrer et il a obtenu quelques indices d'une action semblable dans un vide correspondant à deux millièmes de pression atmosphérique. Il s'est demandé si la même chose n'avait pas lieu dans le milieu cosmique, si le soleil, décomposant les produits de sa propre combustion, ne se régénérait pas lui-même en reprenant par l'effet de sa lumière de quoi alimenter son foyer calorifique.

M. Faye, sans s'arrêter à combattre cette hypothèse, a montré dans la séance de lundi dernier de l'Académie des sciences combien les conditions du milieu cosmique répondaient peu aux conditions de l'expérience de M. Siemens. Il n'y a pas, selon lui, trace dans ce milieu d'une matière si raréfiée soit-elle, et c'est en vain qu'on y a cherché un effet quelconque de la résistance problématique de l'éther. Si le vide n'y était pas aussi parfait, si l'on y supposait de la matière raréfiée à deux millièmes de pression, comme notre monde est grand, c'est la valeur de 120,000 soleils qu'on y ajouterait. Qu'on imagine, si c'est possible, l'effet de la condensation d'une telle masse attirée graduellement vers le soleil. Mais il n'est pas de parcelle de matière si petite soit-elle qui, dans notre monde, puisse échapper aux lois de la gravitation et ne pas tourner autour du soleil comme nos plus grosses planètes (1).

13 octobre 1882.

(1) M. Siemens a fait observer depuis que les comètes à leur périhélie représentent pour lui un milieu de vapeur à une densité de 1/3000 d'atmosphère et que par conséquent la vapeur de l'espace stellaire a une densité bien inférieure à celle obtenue dans son expérience, bien inférieure même à 1/3000, sous une température de — 130 degrés. Mais les objections restent les mêmes. (C. r. Ac. des Sc., 30 octobre, 6 novembre.)

XXXI

Le tatouage. — Sa définition, ses variétés. — Le tatouage
en Europe. — Sa signification. — Sa nature emblématique. — Sa vogue chez les criminels, les prostituées et les
fanatiques. — Schliemann : ses nouvelles fouilles à Troie.

I. — Le tatouage, d'après le sens même du mot
polynésien d'où il a tiré son nom, se compose de
dessins, d'empreintes à peu près indélébiles.
C'est donc à tort qu'on a parlé dernièrement du
tatouage des Galibis qui ne font que se peindre
le corps. Il n'y a tatouage que lorsqu'on introduit sous l'épiderme, à différentes profondeurs,
différentes matières colorantes qui laissent des
traces très durables sinon absolument indélébiles. C'est ainsi, du moins, que l'ont compris

tous ceux qui l'ont étudié attentivement, depuis
M. Berchon (*Histoire médicale du tatouage*, Paris,
1869, 1 vol. in-8°) jusqu'à M. Lacassagne (*Les
tatouages*, étude anthr. et médico-légale, 1 vol.
in-18°. Paris, 1881) (1).

Cette définition n'est pas cependant sans offrir
une difficulté. Elle laisse hors de son cadre des
pratiques qui sont de la même nature et ont le
même objet. On obtient en effet des empreintes
indélébiles et même des dessins, sans l'introduction des matières colorantes sous l'épiderme, soit
par des blessures profondes qui laissent des cicatrices, soit par des ulcérations et des brûlures.
De nombreux sauvages, surtout en Afrique, ne
connaissent même pas d'autres procédés de se
tatouer.

Il faudrait donc, à notre avis, définir le tatouage en lui reconnaissant simplement le caractère commun de *mutilations cutanées.* C'est ce
qu'a fait M. Magitot dans un mémoire encore
inédit (2). Voulant l'étudier dans sa distribution

(1) La première étude sur le tatouage, due à Lesson, remonte à 1820 : *Du tatouage chez les différents peuples de la
terre* (*Annales maritimes et coloniales.*)

(2) Recherches ethnographiques sur le tatouage, considéré au point de vue de sa répartition géographique.

géographique et dans sa valeur ethnique, il a reconnu dans le tatouage cinq variétés, caractérisées chacune par sa méthode opératoire. Ce sont : 1° le tatouage par piqûres ; 2° le tatouage par cicatrices ; 3° le tatouage sous-épidermique ; 4° le tatouage par ulcération ou brûlures ; 5° le tatouage mixte, c'est-à-dire par une combinaison des différents procédés précédents.

C'est le tatouage par piqûres qui est le plus employé, c'est même à lui, comme répondant parfois à une véritable décoration, plus ou moins élégante, de tout le corps, que les auteurs que nous avons cités en premier lieu, avaient à peu près réservé un nom qui doit convenir à toutes les mutilations cutanées laissant des traces durables et ayant un but d'ornement. C'est lui aussi qui est à peu près le seul que l'on connaisse en Europe pour le pratiquer.

II. — On n'avait jamais songé jusque dans ces derniers temps, à attacher une signification quelconque à la pratique du tatouage en Europe. M. Lombroso, le premier, dans son fameux livre sur le criminel (*l'Uomo delinquente*), nous a ouvert sur lui des horizons nouveaux, en nous le montrant comme une caractéristique de certaines classes, de certaines catégories d'individus dans notre société. Certes, il nous paraît aller un peu loin, lorsqu'il fait remonter la source de cette pratique à l'influence de l'atavisme, c'est-à-dire d'une réminiscence physique qui porterait les individus les plus arriérés de nos sociétés à suivre les mêmes errements que nos ancêtres sauvages. Toutefois, puisqu'il faut voir les trois quarts du temps dans le tatouage un mode d'expression concrète ou par les symboles, une écriture emblématique, telle que les écritures primitives, il faut bien reconnaître aussi qu'il ne correspond plus à l'état moyen d'avancement de nos mœurs et de nos idées.

D'après les recherches de MM. Lombroso et Lacassagne, nous le voyons pratiquer dans le désœuvrement de la seconde enfance ou de la première jeunesse, dans l'oisiveté de la caserne et surtout de la prison, sous l'impulsion du fanatisme religieux, sous les provocations de la nudité habituelle.

Ce sont les criminels qui offrent la plus grande proportion de tatoués. Viennent ensuite les prostituées. Les premiers s'impriment ou se font imprimer des emblèmes très souvent cyniques. Les secondes se font surtout graver des noms d'hommes ou de femmes.

M. Lacassagne a relevé, en les calquant sur la peau même, à l'aide d'une toile transparente, 1,333 tatouages, dans les pénitenciers militaires, aux bataillons d'Afrique composés d'hommes ayant subi une condamnation, etc.

Sur ce nombre il a compté 91 emblèmes patriotiques et religieux, 98 emblèmes professionnels, 122 inscriptions, 149 emblèmes militaires, 260 métaphores, 200 emblèmes amoureux et érotiques, 344 emblèmes fantaisistes et historiques. Sur 378 individus tatoués, 78 seulement ont déclaré ne pas savoir lire. Mais cela ne prouve rien en faveur de la distinction d'esprit des autres. Il en est parmi eux qui se sont fait tatouer dès six et sept ans. Mais c'est généralement vers dix-sept ou dix-huit ans qu'on se livre en France à cette pratique.

Quant aux parties du corps sur lesquelles se font les tatouages, elles varient selon la fantaisie des amateurs. Mais ceux-ci suivent néanmoins une règle en rapport avec la signification symbolique de chaque partie. Ainsi la face antérieure des avant-bras est l'endroit préféré; mais ce sont avant tout les emblèmes professionnels qui y foisonnent. La région de l'ombilic, celle des fesses, etc., ont le privilège des sujets lubriques;

la poitrine et la face, celui des manifestations sentimentales d'orgueil, de haine, d'amour ou de découragement. La face externe des cuisses n'est jamais tatouée. M. Lacassagne donne à ce sujet des explications tirées de la difficulté de se tatouer soi-même à cet endroit, qui n'expliquent pas grand'chose.

En Italie, Lombroso a comparé un ensemble de 6,781 sujets tatoués dont 3,886 soldats et 2,896 criminels, prostituées ou soldats criminels.

Chez certains individus, affiliés à la *Camorra*, il a observé des emblèmes particuliers dont on lui a refusé l'explication. Mais nous voyons que dans ce pays (1), notamment au Piémont, ce sont les emblèmes militaires qui sont les plus fréquents. Viennent ensuite les emblèmes religieux. Autour du sanctuaire de Lorette se trouvent des *marcatori* qui pour la somme de 60 à 80 centimes vous gravent sur la peau, l'image du Saint-Sacrement, d'un crucifix, d'un saint patron. Il existe aussi en France, en Angleterre, aux États-Unis, des tatoueurs de profession; mais on les cite tellement ils sont rares et ils sont presque toujours fixés dans les ports de mer.

(1) Où l'ignorance et la grossièreté d'esprit sont plus communes qu'en France.

24.

A certains endroits de pèlerinage il n'en est pas de même. A Jérusalem notamment les pèlerins sont sollicités avec insistance par certains industriels, aidés parfois des jolis yeux de leur femme ou de leur fille, de se faire graver sur la peau quelque signe commémoratif de leur visite au saint lieu. D'après un témoignage écrit que conserve un de ces industriels, le prince de Galles lui-même n'aurait pas résisté à ses obsessions.

La pratique du tatouage n'est absolument inconnue nulle part, et on l'a vu jouer dernièrement un certain rôle dans la haute société anglaise.

Le plus puissant témoignage qui ait été fourni contre le faux Tichborne, dont le procès récent est resté célèbre, est celui d'un lord qui a déclaré que le vrai Tichborne portait sous l'aisselle un tatouage identique au sien qu'il montra publiquement à la cour. Cet incident montre de quelle importance cette pratique peut être à l'occasion devant les tribunaux. Elle a entraîné quelquefois des accidents graves et même mortels. Et c'est à ce point de vue surtout que les médecins légistes s'en sont occupés ; mais ces accidents sont si rares qu'on n'a pu songer à la condamner. Et c'est de l'ethnographie que son étude pittoresque relève presque entièrement.

III. — On annonce que le docteur Schliemann, dont la santé est affaiblie, est de retour en Allemagne, et qu'il va faire au congrès d'Anthropologie, réuni à Francfort-sur-le-Mein, d'importantes communications sur ses plus récentes découvertes. Nos lecteurs savent (1) à quelles discussions retentissantes ont donné lieu ses fouilles à Hissarlick, l'emplacement actuel de l'ancienne Troie. Il les a reprises le 1er mars de cette année avec la collaboration de deux architectes allemands et de 150 ouvriers. Elles lui ont donné cette conviction que la masse de décombres qu'il avait prise pour les restes d'une seule ville, représente deux villes, toutes deux brûlées.

La plus ancienne, la première brûlée, qu'il appelle encore ville basse ou inférieure, s'étendait sur le haut plateau, au sud et à l'est de la colline d'Hissarlick et n'avait sur celle-ci que son acropole. La seconde au contraire s'étendait exclusivement sur la colline d'Hissarlick et ne l'occupait pas toute entière. Les fondations de ces édifices grecs et romains dont un théâtre pouvant contenir vingt mille spectateurs, couvrent l'ancienne acropole. M. Schliemann les enlève pour mettre au jour

(1) *La Justice,* 4 septembre 1880. — Le docteur Schliemann te ses fouilles à Troie et à Mycènes.

l'autre ville, ou plutôt la Pergame, l'acropole ou citadelle de l'ancienne ville, avec son mur d'enceinte. Il a découvert celui-ci [presque entièrement. « En voyant ce mur, écrit-il, mur colossal dont les substructions n'ont pas moins de 8 mètres de haut, vous croirez facilement qu'il a été considéré à l'époque troyenne comme une grande merveille. »

Il a exploré les tombeaux qui passent pour ceux d'Achille et de Patrocle, et il y a trouvé des poteries archaïques helléniques remontant au delà du neuvième siècle avant Jésus-Christ. Dans le vaste tumulus attribué à Protésilas, tumulus qui a 125 mètres de diamètre, il a découvert des tessons d'une poterie qui est la plus ancienne de toutes celles jusque-là mises au jour à Hissarlick, avec des armes et des ustensiles de pierre. Les fouilles y ont malheureusement été interrompues par l'ordre du ministère de la guerre turc.

Le peu d'or découvert l'a été dans un grand temple de l'Acropole. Celle-ci, d'ailleurs, répond entièrement à la description qu'a faite Homère de la Troie de Priam avec sa Pergame.

XXXII

I. — Biographie du D' Crevaux. — Ses dernières notes de
voyage. — Sa visite chez les Guaraounos du delta de
l'Orénoque. — II. — La mortalité des enfants élevés au biberon, à Paris. — Anesseries modèles et crèche pour les
essais. — III. — Allaitement direct au pis des ânesses à
l'hôpital des Enfants-Assistés.

Les sympathies vives et nombreuses qui s'atta-
chent au nom et à l'infortune du docteur Crevaux
nous engagent à revenir encore sur sa vie et ses
derniers voyages. Le *Tour du Monde*, dans son
dernier fascicule, a publié sur lui une notice bio-
graphique et quelques notes qu'il avait adressées,
le 23 décembre dernier à son ami M. Lejanne, en
partant pour le Pilcomayo, affluent de droite du
Paraguay, qu'il se proposait d'explorer.

Crevaux était né à Lorquin le 1er avril 1847 et avait à peine trente-cinq ans lorsqu'il est mort. Après avoir passé une année à l'École de médecine de Strasbourg, il entra à l'École de médecine navale de Brest poussé par son désir de voir du pays et l'amour des périls affrontés. Petit, trapu et vigoureux, la physionomie ouverte et intelligente, il a toujours été « excellent camarade ». Médecin, pendant la guerre de 1870, du quatrième bataillon de marins de Cherbourg, il fut un instant fait prisonnier. Ayant réussi à s'échapper, il fut chargé de plusieurs missions par le ministère de la guerre et fut blessé le 24 janvier 1871.

Nommé médecin de seconde classe le 28 octobre 1873, et médecin de première classe en 1876, il avait déjà à cette dernière date, fait un voyage dans la Plata. Ce voyage lui avait donné l'occasion de faire une observation fort importante.

Des roches striées et polies dans les Pampas avaient fait croire à l'action de glaces dans ces immenses plaines, et à l'existence d'une époque glaciaire dans l'Amérique du Sud. Crevaux a démontré que ces roches étaient en place et nullement erratiques et que leur polissage et leurs stries étaient dus à des nappes d'eau immenses charriant avec violence de nombreux matériaux.

Et cela est assez conforme avec ce que nous savons de l'origine des dépôts pampéens.

Peu après, il entreprit les explorations de la Guyane qui l'ont rendu célèbre.

De retour à Paris, en 1880, il n'était point lassé par de si périlleuses aventures. Et c'est alors qu'il engagea M. Lejanne à explorer avec lui le Guaviare et l'Orénoque. Il visita la Colombie et le Venezuela. Il en revint souffrant.

Ce n'est. pourtant que huit mois après son second retour à Paris, qui eut lieu en mars 1881, qu'il prépara le nouveau voyage d'exploration qu'il n'eut même pas le temps de commencer. Il devait, comme nous l'avons dit, remonter le Paraguay pour gagner ensuite l'Amazone par le Tapajos ou le Xingu. La saison n'étant pas propice à son arrivée à Buenos-Ayres, il se décida d'abord à gagner le Pilcomayo, fleuve encore presque inconnu, pour le redescendre jusqu'au Paraguay. Il avait traversé la Bolivie et venait de se lancer sur ses eaux, avec dix-sept hommes qu'il avait embarqués le 19 avril 1882, à la mission de San Francisco, lorsque arrivé non loin de Teyo, capitale des Tobas, il fut perfidement assailli par ces Indiens et tué à coups de couteau, au moins avec la plupart des siens.

Les notes qu'il a transmises à M. Lejanne avant son départ de Buenos-Ayres, sont relatives aux Guaraounos, Indiens qui habitent le delta de l'Orénoque, et qu'il a visités en février 1881. Elles sont assez brèves, sèches même par endroits. M. Lejanne le dit : Crevaux était plus avide de savoir qu'habile à raconter.

Elles ne nous apprennent rien sur l'origine de ces Guaraounos. Mais il en ressort que ces Indiens sont semblables à tous ceux qu'il avait précédemment visités ; qu'ils appartiennent à ce que nous avons appelé la race guaranis ou caraïbe, dont les Galibis, récemment exhibés, sont un bel échantillon. Pommettes saillantes, yeux un peu obliques, et paupières bridées quelquefois, bras puissants, cheveux retombant sur le front à un doigt des sourcils. Ils ne portent ni ornements ni peintures, et leur costume est « parfaitement conforme aux dernières modes des Indiens les plus sauvages ». Les hommes portent un lambeau de cotonnade, et les femmes remplacent la feuille des statues par un triangle de l'étoffe fabriquée avec des écorces pilées et agglutinées, avec laquelle les Indiens de la Guyane font leur papier à cigarettes et les Mitouas des chemises.

Crevaux a pris d'assez nombreuses photographies des Guaraounos et préparé des moules de leurs pieds, de leurs têtes, etc.

Il a vu dans leur village une centenaire si maigre, si ratatinée, que la figure qu'il nous en donne, ne nous permet que difficilement de reconnaître en elle un être humain. Cette misérable ruine avait une fille si âgée elle-même qu'elle était depuis longtemps tombée en enfance. Elle vivait dans son hamac. Elle en descendait parfois pour manger, en se traînant sur le sol, des cendres et tout ce qui lui tombait sous la main. Alors sa fille, accroupie, l'œil atone, se levait et la replaçait dans son hamac.

Le pays est cependant fort insalubre. L'eau se rencontre à moins d'un mètre du sol.

On n'enterre donc pas les morts. On les met dans un tronc d'arbre creusé à cet effet et on les recouvre exactement d'une masse d'argile. Ces cercueils une fois empaquetés avec des feuilles de palmiers sont placés sur deux branches fourchues. Crevaux a réussi à en dérober plusieurs.

Nous mentionnerons en terminant la singulière pratique suivante :

A la mort d'une femme, son mari se couche dans un hamac en face d'elle, y reste quelques instants pour pleurer en chantant et laisse la place à tous ceux qui ont eu des relations avec la défunte.

Un Indien ne saurait contrevenir à un usage établi ; aussi un témoin, général de la milice vénézuélienne, dit avoir assisté, en pareille circonstance à de curieux et invraisemblables défilés. Il en aurait perdu toute foi en la candeur de ces enfants de la nature.

Est-ce qu'il n'y aurait pas par hasard quelque méprise derrière l'assertion un peu chargée de ce témoin ?

II. — M. Tarnier a de nouveau traité de l'allaitement des enfants dans la dernière séance de l'*Académie de médecine*. Il a cité au cours de sa communication des chiffres que nous croyons utile de rapporter.

M. Bertillon a constaté qu'en 1881, il y avait 60,856 naissances à Paris ; que 14,571 enfants avaient été immédiatement envoyés au dehors, et que, sur les 42,282 restant, il en était mort 10,180 dans la première année. Il a été impossible de savoir quelle a été la proportion des enfants élevés exclusivement au biberon. Mais, d'après l'estimation approximative de beaucoup de médecins, 75 pour cent au moins de ces enfants succombent à Paris dans la première année.

Cette mortalité est sans doute moindre dans les autres villes. Ainsi, à Caen, d'après M. Denis-Dumont, sur 3,204 enfants élevés au biberon, 986, soit un peu moins du tiers, succombent dans la première année. A Paris, plus des trois quarts sont ainsi frappés.

M. Tarnier loue aussi beaucoup le lait d'ânesse qui n'a que le tort grave de coûter dix francs le litre aux particuliers qui veulent s'en servir. Mais on pourrait imiter ce qui a déjà été fait en Hollande où l'on voit des ânesseries modèles contenant jusqu'à quatre-vingts ânesses.

L'inconvénient du lait de vache est que sa caséine se prend en gros flocons. A l'autopsie d'un enfant élevé avec ce lait et qui était mort subitement on a trouvé dans l'estomac un énorme caillot de caséine durcie.

Néanmoins, selon M. Tarnier, il y a encore sur tous les points des expériences à faire. Il demande pour ce motif que la ville de Paris fonde une crèche à lits peu nombreux, à laquelle on annexerait une étable destinée à fournir du lait aux enfants du quartier. Une fois les questions pendantes tranchées par ce moyen, on supprimerait cette crèche, car c'est dans la famille même de l'enfant que l'allaitement artificiel réussit encore le mieux.

M. le docteur Parrot a déjà institué des expériences, notamment avec le lait de chienne, le lait de jument et celui d'ânesse. Il n'a pas fait connaître les résultats de celles avec le lait de chienne. Mais nous croyons savoir que ce dernier, se rapprochant le plus de celui de la femme, serait préférable aux autres s'il était possible de se le procurer en assez grande quantité. Quant aux expériences avec le lait d'ânesse elles ont été des plus satisfaisantes. Une nourricerie a été installée dans les jardins de l'*Hôpital des Enfants-Assistés*, et tous les enfants sont allaités directement au pis des ânesses. Les infirmières en présentent jusqu'à trois à chaque animal en les tenant sous son pis. Et l'opération est des plus simples.

Les chiffres suivants montrent bien toute la supériorité de ce mode d'allaitement :

Pendant une période de six mois, quatre-vingt-six enfants plus ou moins atteints de maladies congénitales et contagieuses, furent élevés à l'hôpital. Les six premiers, par suite de circonstances particulières, ont été nourris au biberon avec du lait de vache. Un seul a survécu. Quarante-deux ont été nourris au pis de la chèvre. Sur ce nombre, huit seulement ont guéri. Les autres, au nombre de trente-quatre sont morts. Trente-huit, enfin, ont été nourris au pis de l'ânesse. Sur ce nombre, dix seulement sont morts. Les vingt-huit autres ont guéri.

D'après des analyses déjà anciennes, le lait d'ânesse renferme sensiblement les mêmes proportions de caséum sec (1,82 0/0) et de sucre de lait (6,08), que le lait de femme (1,52 0/0 et 6,50 0/0). Mais la proportion du beurre y est bien moindre (0,11 0/0 contre 3,55 0/0). C'est sans doute là un avantage pour les estomacs débiles d'enfants malades.

Le lait de jument est d'une composition bien plus semblable à celle du lait de femme. Donnerait-il d'aussi bons résultats? Il est en tous cas plus difficile de se le procurer, et l'on sait combien l'alimentation de juments serait coûteuse auprès de celle des ânesses dont la sobriété est proverbiale.

6 octobre.

25.

XXXIII

I. — La fièvre typhoïde à Paris. — Sa nature, sa permanence dans beaucoup de casernes ; la manière dont elle est
engendrée. — II. — Nouveau traitement de la fièvre typhoïde. — III. — Histoire de la seconde mission Flatters. —
Les sacrifices humains commis au puits Hassi-el-Hadjadj.

I. La moyenne normale des décès par la fièvre
typhoïde est à Paris d'environ 30 par semaine.
Cette moyenne était dépassée depuis quelque
temps (1), mais elle tendait à se rétablir, lorsqu'a-
près une augmentation sensible dans la dernière
semaine de septembre (57), les décès par fièvre

(1) Les décès s'étaient élevés à 106 du 11 au 17 août.
Dans la deuxième semaine d'octobre, du 6 au 12, ils se
sont élevés à leur maximum, 250, pour redescendre à 244,
du 13 au 19, à 173, du 20 au 26, etc., et finalement à 79 du
23 au 30 novembre.

typhoïde sont devenus dans la première semaine d'octobre assez nombreux (134) pour accuser l'invasion brusque d'une véritable épidémie.

Pour se rendre compte dé ce fait, il ne faut pas perdre de vue l'origine miasmatique de la maladie qui naît spontanément et règne en permanence dans les grands encombrements, et savoir que le séjour récent à Paris, changeant des habitudes de vie au grand air, y prédispose notablement. L'humidité de la saison, la rentrée à Paris pour le travail d'hiver, en sont vraisemblablement les causes principales (1).

Ce que nous disons d'ailleurs n'est pas pour servir d'introduction à une étude de la fièvre typhoïde. Mais dans le courant du mois dernier, M. le docteur Pietra Santa, rédacteur en chef du *Journal d'Hygiène*, a présenté à l'Académie des sciences et à l'Académie de médecine un mémoire sur la fièvre typhoïde à Paris, de 1875 à 1882, dont les tendances ont soulevé de justes contestations qu'il est fort à propos de faire connaître. Ce mémoire renferme d'ailleurs des observations fort exactes et fort graves.

(1) Sur 1,358 indiv:dus décédés, on a compté 121 journaliers, 120 employés, 67 domestiques, 63 ouvrières en couture, 51 ouvriers en métaux, 39 maçons, etc.

La proportion des morts par fièvre typhoïde par rapport à la mortalité générale, était : dans la période de 1865 à 1867, de 1,90 pour 100 décès ; en 1875, de 2,30 pour 100 ; en 1876 de 4,08. Cette proportion n'a fait que s'accroître en 1880, 1881 et 1882. Elle était de 4,60 avant l'épidémie actuelle. Les décès annuels, au nombre de 1,056 en 1880, étaient de 2,130 en 1881 et de 989 pendant le premier semestre de 1882.

D'après toutes les statistiques, ce serait pendant l'automne que la fièvre typhoïde ferait le plus de victimes à Paris ; la distribution de ces cas se répartirait fort inégalement dans les divers arrondissements, et ils ne seraient pas en rapport direct avec le chiffre de la population par arrondissement, sa densité et sa mortalité générale.

Nous ne voyons rien là qui vienne à l'appui de la thèse de l'auteur. La densité générale de la population d'un arrondissement n'a pas une signification bien grande. La fièvre typhoïde n'est en rapport qu'avec l'entassement et celui-ci peut être très circonscrit. Nous voyons des agglomérations très dangereuses dans des quartiers salubres où la population est peu dense ; telles sont par exemple les cités Doré et des Kroumirs dans le treizième arrondissement, le moins peuplé de tous.

On sait d'ailleurs avec quelle fréquence la fièvre typhoïde se montre dans les casernes.

M. Pietra Santa ne croit pas que cette maladie se répande au moyen des eaux contaminées par les déjections des malades. Nous avons pourtant des faits nombreux qui ne laissent aucun doute sur ce mode de contagion. On connaît par exemple des épidémies engendrées par les eaux de puits ou des ruisseaux dans le voisinage immédiat desquels on avait jeté les déjections de typhiques. On en connaît aussi qui ont été engendrées par les seules émanations à l'air libre de ces déjections ou de leur véhicule. Mais elles se propagent, il est vrai, d'une autre façon. Et nos casernes se prêtent malheureusement avec une grande facilité à l'étude de ce mode de propagation.

La fièvre typhoïde apparaît dans les casernes avec une brusquerie et une violence remarquable (1). Et, dans beaucoup d'entre elles, elle est

(1) On cite le cas de la caserne d'Esquerchin à Douai, où le 25 avril dernier trente hommes ont été saisis ensemble par la maladie.

comme enracinée ! elle reparaît chaque année malgré toutes les précautions.

Les miasmes humains s'incrustent en effet dans l'épaisseur même des murs et des planchers. Et c'est par eux que l'encombrement engendre la maladie. L'eau obtenue par réfrigération de l'air d'une chambrée contenait, deux heures après sa condensation, des corpuscules diaphanes, micro-zoaires en voie de développement, et six heures après, des infusoires. La même quantité d'eau recueillie à l'air libre dans la cour voisine, ne contenait rien de tout cela, *après quarante-huit heures.*

A la suite de l'épidémie qui s'est déclarée en 1877 dans la caserne du Château-d'Eau, on a gratté les parquets. La poussière noirâtre qui s'en est détachée, une fois mise dans l'eau pure, a laissé voir au microscope une multitude d'al-gues, de vibrions, de bactériens et de monades.

Il y a en outre des indices que les miasmes pu-trides d'origine animale, provenant par exemple de fumiers, de matières liquides sans écoule-ment, etc., peuvent aussi donner naissance à la fièvre typhoïde. Il suffit que le défaut d'aération leur permette de s'accumuler et favorise leur action. Mais ce défaut d'aération est souvent nécessaire pour celle-ci. Car on voit, par exemple, *dans la même caserne*, la maladie éclater sous les combles, dans les salles imparfaitement ventilées et épargner les premiers étages.

On ne peut douter en fin de compte que les épidémies de fièvre typhoïde ne soient engendrées principalement par les matières fécales des typhiques, ensuite par ces mêmes matières et d'autres en putréfaction où le poison typhique *semble* apparaître spontanément, et enfin par les miasmes de l'encombrement. Sur les observations d'épidémie réunies en 1877 par M. Jaccoud, 36 fois les déjections spécifiques existaient dans la localité, 24 fois elles étaient absentes. Mais dans tous les cas il y a eu stagnation des matières ou mélange des éléments infectants avec l'eau potable.

II. — Le Dr Kaulich a institué à l'hôpital François-Joseph de Vienne un traitement nouveau, assez dangereux et violent au premier abord, mais qui, appliqué aux enfants, arrête complètement la fièvre dans son cours. Voici en quoi il consiste. Dès que la température de son corps s'élève, on enveloppe le sujet d'un drap imbibé d'eau froide et on le frictionne. On renouvelle le drap dès qu'il se réchauffe et cela jusqu'à cinq ou six fois. La température du petit malade, après cette opération est en général bien modifiée. On lui administre alors une dose considérable de sulfate de quinine (0,50 cent. chez les enfants de quatre à six ans) en une seule fois, en nature, dans du pain azyme. Le lendemain, on se borne à l'envelopper de draps mouillés. Et le surlendemain on lui administre une nouvelle dose de quinine. Le malade est ainsi rapidement mis en état de prendre une nourriture réparatrice, soupe et café au lait d'abord, pain et viande ensuite. Et cette nourriture, prise ainsi de bonne heure, n'expose à aucun risque et contribue à réduire au minimum la durée de la convalescence.

Il paraît qu'avec ce traitement le professeur Kaulich n'a eu à déplorer aucun cas de mort par la fièvre typhoïde, ni même aucun cas de complication grave dans son service.

III. — L'histoire de la seconde mission Flatters vient d'être publiée (il n'en a été tiré que 300 exemplaires) par les soins du gouvernement général de l'Algérie. Nous ne voulons pas la rappeler ici. Elle est connue dans ses principaux traits. Bien des détails cependant étaient restés incertains et confus. Et parmi eux il en est qui .dépassent en horreur tout ce qu'on pourrait imaginer.

Après le massacre du colonel Flatters, attiré comme on le sait loin du camp avec le capitaine Masson, M. Roche, le docteur Guiard, et des convois échelonnés pour aller prendre une provision d'eau, il restait cinquante-six hommes à la tête desquels se trouvaient le lieutenant de Dianous, l'ingénieur Santin, le maréchal des logis Pobéguin, Brame, l'ordonnance du colonel et Marjolet le cuisinier. Cette petite troupe, craignant (à tort, paraît-il) d'aller reprendre les chameaux au puits et sans moyen de transport, brisa les caisses de bagages et se dirigea, le jour même, le 16 février 1881, à onze heures du soir, sur Ouargla, avec trente outres d'eau et quelques munitions.

Dès le 21 les vivres commencent à manquer et le 25 on mange de l'herbe. Néanmoins c'est le 9 mars seulement que des Touaregs font passer 6 litres de dattes pilées destinées surtout, disent-ils, aux Français. Malgré les craintes d'empoisonnement, les Européens en mangent en effet et ils sont peu après comme frappés de vertige. Les uns tombent sans pouvoir se relever. Les autres se livrent à des extravagances. On est obligé d'arracher son fusil à M. de Dianous. Les indigènes de la colonne reconnurent l'action de la plante arabe *el bettina* (*Hyoscyamus Falezlez*) que les Touaregs avaient mélangée à dessein avec leurs dattes pilées.

Malgré tant de perfidie de leur part, les Touaregs obtinrent le lendemain de l'aveuglement des Européens que quatre hommes des plus valides seraient livrés à leur bonne foi et ils les massacrèrent. M. Santin, peu après, reste en arrière et disparaît pour toujours. Puis, dans un combat, en avant d'Amguig, les ordonnances Brame et Marjolet d'abord, puis M. de Dianous se font tuer. La colonne, réduite à 34 hommes et quatre chameaux, arrive le 11 au matin à Djernaat Morghem, où se trouve une guelta, caverne qui forme un bassin, avec une entrée très étroite. Dans la nuit plusieurs hommes s'enfuient. Et c'est alors que les derniers survivants entrent dans une période d'atroces horreurs. Grâce aux chameaux on put cependant se soutenir quelques jours. Mais le 21, il ne reste plus qu'un chameau et deux hommes le volent et disparaissent. Le 22, plusieurs hommes s'écartent censément pour aller à la chasse. A leur retour, ils offrent, sous le nom de chair de mouflon, de la chair humaine à Pobé-

guin qui la repousse. On reste sur place, au puits
Hassi-el-Hadjadj, jusqu'au 25, mangeant jusqu'à
des os pilés et des débris de peau. Le 25, on se
remet en marche en laissant neuf personnes au
puits. Deux de ces dernières sont tuées dans une
querelle, puis mangées; deux autres meurent de
faim... A ces nouvelles, le boucher de la colonne
qui n'est qu'à trois kilomètres, retourne au puits,
tue celui qu'on lui indique comme complice du
meurtre, le dépouille, mange de sa chair avec ses
camarades et en rapporte à la colonne le lendemain; Pobéguin en mange comme les autres. Le
27, six hommes retournent au puits et tuent deux
des gens qui y étaient restés. Tous les hommes
présents mangent leur chair, même crue. Le 28,
de nouveau en marche, on rencontre un homme
décharné et mourant qui s'était enfui du puits.
On l'accuse d'avoir tué deux de ses camarades; il
est sacrifié, dépecé, ses os sont broyés et mangés;
son cœur et son foie sont réservés à Pobéguin sur
sa demande.

Cinq hommes retournent encore au puits où il
ne reste plus qu'un individu (sur neuf) qui s'en-
fuit en les voyant. Ils tuent un d'entre eux dans
la nuit et le mangent. Le 31, Pobéguin lui-même
s'était traîné au puits. Le boucher, Belkacen ben

Zebla, le tue à coups de revolver, ainsi qu'un de ses camarades qui le défendait, et découpe sa chair.

C'est le dernier épisode de ce drame horrible, dont nous avons omis bien des détails.

Le 1ᵉʳ avril, une partie des survivants est arrivée à El Mesegguem, où se trouvait le campement de Radja, ancien guide du colonel. Ils y sont recueillis, et sur leur demande, Radja retourne au puits Harsi-el Hadjadj, pour y chercher leurs effets, et voit alors les traces évidentes de tout ce qui s'y était passé.

20 octobre.

XXXIV

Encore le phylloxera. — La destruction de l'œuf d'hiver par
le badigeonnage à l'huile lourde. — Infection des raisins
par l'huile lourde. — L'origine et l'ancienneté de la culture de la vigne.

On éprouve vraiment quelque embarras à revenir sur cette éternelle question du phylloxera.
Elle a déjà tant et si longtemps été discutée, qu'on
ne sait plus reconnaître en quoi ou comment
elle avance, et s'il est possible d'en espérer la
solution (1).

Mais en attendant, on est chaque année frappé

(1) M. Barral a fait sur elle en avril dernier à la Société
d'encouragement pour l'industrie nationale, une conférence,
aujourd'hui publiée, qui résume exactement son état, et
nous donne un tableau complet de la situation des vignobles
en France.

de la grandeur des désastres, et l'on s'impatiente de ne pas voir plus activement généraliser les moyens de préservation.

On reconstitue bien quelques vignobles ; mais on en voit disparaître chaque année un bien plus grand nombre. Dans le département de l'Hérault seul on a arraché 200,000 hectares de vignes. D'après un renseignement donné au Congrès de La Rochelle par M. Lichtenstein, en regard de ce nombre, il y en a 5,000 qui ont été reconstitués à l'aide des cépages américains.

Comme l'a expliqué naguère le ministre de l'agriculture dans un de ses discours, cette reconstitution se fait en greffant nos bonnes espèces sur des souches d'espèces américaines qui résistent au phylloxera (1). Cette opération est longue, car il faut commencer par arracher les ceps atteints pour planter à leur place des ceps américains. Ceux-ci donnent de très mauvais vin. Mais les propriétaires qui ont greffé sur eux nos meilleurs cépages, tels que le chasselas, l'armant, arrivent, paraît-il, aujourd'hui à des rendements analogues

(1) Cela tient à ce que le tissu de leurs racines est plus dur que celui des racines de nos cépages. Mais toutes les vignes américaines ne possèdent pas ce caractère, éprouvé dans deux familles surtout, les *Æstivalis* et les *Cordifolia*.

et même supérieurs à ceux qu'on avait avant l'invasion du phylloxera.

En bien des endroits, sans avoir eu recours à cette méthode de reconstitution, on a obtenu le même résultat en traitant les vignobles épuisés et mourants, avec certains insecticides tels que le sulfure de carbone. Ce traitement est surtout répandu en Provence. Mais il a été appliqué aussi avec beaucoup de succès dans la Gironde, dans le Tarn, dans le Loiret. On cite néanmoins quelques cas dans le Bordelais et l'Hérault, où le sulfure de carbone, sans doute mal appliqué, a été nuisible à la vigne. La submersion du sol des vignes, quand il n'est pas trop perméable, réussit à coup sûr lorsqu'elle a lieu pendant trente à quarante-cinq jours, à l'automne ou au commencement de l'hiver.

Dernièrement on s'est surtout préoccupé de l'œuf d'hiver, dont la destruction méthodique atteindrait plus sûrement l'espèce du phylloxera dans sa vitalité. On sait que ce terrible puceron parcourt un cycle biologique et que le nœud de son évolution est l'œuf d'hiver. Cet œuf est pondu dans l'écorce des souches par l'insecte sous sa forme aérienne. C'est de lui que sortent les colonies qui vivent sur les racines, et c'est lui qui les revivifie en renouvelant la puissance qu'ont leurs membres de se multiplier pendant un temps sans fécondation (1).

Des expériences ont été officiellement ordonnées au commencement de cette année pour étudier le meilleur moyen de les détruire. M. Bialbiani, qui en a été chargé, vient d'adresser au ministre de l'agriculture un rapport sur les résultats qu'il en a obtenus. Il en résulte que le badigeonnage des souches avec l'huile lourde de houille dans le mélange suivant : goudron de houille 9 parties, huile lourde 1 partie, est le traitement le plus sûr. Le goudron a pour effet de modérer l'action trop énergique de l'huile lourde sur la plante même, de la répartir d'une manière plus égale dans le tissu de l'écorce, et de l'y maintenir plus long-temps. « En détachant des lambeaux d'écorce d'une vigne badigeonnée avec ce mélange gou-dronné, on s'assure que leur face profonde pré-

(1) L'œuf d'hiver pondu en octobre après la fécondation par le mâle qui meurt aussitôt après, éclôt au printemps. Les phylloxeras des racines, aptères, pondent après la troisième mue, c'est-à-dire à l'âge de douze ou quinze jours. Elles pondent 250 œufs en quelques semaines. Et ainsi les produits de 1,000 œufs couvriraient un hectare au bout d'une année. Ils produisent indéfiniment des femelles. Quelques-uns seulement se transforment en insectes ailés après quatre mois.

sente la même teinte noire uniforme que la surface extérieure, et que la matière a traversé presque toute l'épaisseur de l'écorce jusqu'au contact du bois. Les œufs placés sous les lamelles corticales se sont tous montrés noirs et altérés; mais lors même que quelques-uns se trouveraient épargnés et viendraient à éclore, ce qui n'est pas probable, les jeunes insectes ne pourraient circuler dans les galeries de l'écorce que remplit une matière qui reste longtemps poisseuse et dans laquelle ils s'englueraient. La seule précaution à prendre dans l'emploi de ce mélange, c'est d'éviter son contact avec les bourgeons qui seraient infailliblement détruits, comme le sont les feuilles et les autres parties vertes touchées par le pinceau.»

Ce traitement peut présenter, toutefois, un assez grave inconvénient auquel M. Balbiani n'a pas d'abord songé. Cet inconvénient a été mis en lumière par une expérience récente de M. Maxime Cornu.

Des vignes, dont le tronc et les racines ont été exposés dans une serre à l'action d'une atmosphère chargée d'huile lourde, ont donné des raisins immangeables. Et le mauvais goût de ceux-ci était dû à leur chair, car il persistait après qu'on avait enlevé la peau. Les vapeurs d'huile lourde, déposées sur l'épiderme de la plante, avaient donc pénétré dans le mouvement circulatoire de celle-ci et avaient été ainsi portées jusque dans les graines. D'où il faut conclure d'abord, que des vapeurs peuvent traverser l'épiderme, même fort épais, des parties aériennes d'un végétal et être absorbées, sans dissolution préalable dans l'eau ; mais aussi que le badigeonnage des troncs de vigne pour la destruction de l'œuf d'hiver, aurait un effet déplorable pour le raisin, s'il était pratiqué pendant la végétation aérienne et surtout pendant la fructification (1).

On a décrit jusqu'à présent au moins 2,000 variétés de vignes cultivées. Ce nombre est énorme. Et à lui seul il suffirait à prouver la très grande ancienneté de cette culture. Mais nous avons encore d'autres preuves de cette ancienneté. Nous les trouvons résumées dans le très savant ouvrage de M. Candolle qui vient de traiter de nouveau, avec une compétence hors ligne, de l'*Origine des plantes cultivées* (2).

Des graines de vigne ont été trouvées sous les

(1) Comptes rendus de l'Académie des sciences du 18 septembre et du 2 octobre 1882.

(2) Un vol., in-8° de 380 pages de la *Bibliothèque scientifique internationale*.

habitations lacustres de Castione, près de Parme, qui datent de l'âge de bronze, dans une station préhistorique du lac de Varèse (Italie) et dans la station lacustre de Wangen en Suisse (1).

Adolphe Pictet avait reconnu que les anciens Aryas et les Sémites connaissaient l'usage du vin. La culture de la vigne et la vinification remontent en Égypte aux premiers temps de l'ancien empire. On en a trouvé la preuve notamment dans le tombeau de Phtah-Hotep, prêtre de Memphis sous la quatrième dynastie. Cette dynastie régnait entre 4500 et 5000 avant notre ère. Noé n'avait pas encore vu le jour et Adam lui-même n'était sans doute encore qu'à l'état de rêve confus dans l'esprit du bon Dieu, évidemment en retard sur son temps.

On ne peut s'étonner, d'ailleurs, d'une telle ancienneté de cette culture (2). La vigne croît encore spontanément dans l'Asie occidentale tempérée, l'Europe méridionale, l'Algérie, le Maroc.

(1) Des feuilles de vigne ont aussi été trouvées dans les tufs quaternaires de Meygargue, en Provence. Et cela est dû sans doute non au transport par l'homme, mais au transport des graines par les agents naturels et les oiseaux.

(2) Elle ne se serait, toutefois, répandue que plus tardivement dans l'Asie orientale, où les Chinois ne l'auraient pas connue antérieurement à l'année 122 avant notre ère.

Dans le Pont, en Arménie, au midi du Caucase et de la mer Caspienne, elle présente l'aspect d'une liane sauvage qui s'élève sur de grands arbres et donne beaucoup de fruits, sans taille ni culture. Entre la mer Noire et la mer Caspienne un auteur en a reconnu deux sous-espèces à l'état sauvage, qui sont extrêmement répandues.

27 octobre 1882.

XXXV

Diminution graduelle de la production du vin en France. —
De l'importation des vins étrangers et de la fabrication
des vins de raisins secs. — De l'urgente utilité de favoriser
les plantations de vignes dans la colonie algérienne.

Avant 1870, la récolte en vin d'une année
moyenne était de 68 millions d'hectolitres.
En 1879, la récolte n'a pas atteint 26 millions ;
c'est une diminution d'une bonne moitié. Et la
France qui fournissait la majeur partie des vins
qui se consommaient en Europe, reçoit aujour-
d'hui de l'étranger une notable partie des vins
qu'elle consomme elle-même.

En 1870, il est entré en France : 1° Venant d'Espagne, 7,167,469 litres de vin en fûts et 28,655 litres de vin en bouteilles ; 2° Venant d'Italie,

27

7,467,923 litres en fûts et 20,804 litres en bouteilles. Cette importation s'est accrue dans une proportion énorme. Il est, en effet, entré en France, en 1879, d'une part, 222,284,592 litres de vin en fûts et 30,582 litres de vin en bouteilles, venant d'Espagne ; d'autre part, 52,233,617 litres de vin en fûts et 41,715 litres de vin en bouteilles, venant d'Italie.

L'Espagne et l'Italie, bien que le phylloxera ait déjà traversé les Pyrénées, sont encore dans une période de production normale.

Pour obvier à l'insuffisance de la production en France, on s'est mis depuis pas mal de temps à élever le titre alcoolique du vin naturel par l'addition de sucre ou de glucose aux vendanges, d'une part, et rien dans ce procédé ne peut être blâmé (1), et d'autre part, par celle d'alcool étranger, ce qui n'est pas aussi légitime, car on ne peut y employer des alcools de vin. Enfin, surtout, on a fabriqué en grand du vin avec des raisins secs et du sucre.

(1) Aussi les producteurs réclament-ils avec instance l'abolition des droits sur les sucres et les glucoses destinés à sucrer les vendanges, car, en somme, ces substances payent deux fois les droits, d'abord comme sucres et glucoses, et ensuite comme alcool obtenu par leur fermentation dans le vin.

La récolte de vin s'est élevée, en 1880, à 33,975,000 hectolitres, c'est-à-dire de plus de 7 millions sur 1879. Il y a tout lieu de croire que le vin fabriqué avec du raisin sec entre pour une très forte part dans cet accroissement, qui ne paraît pas d'ailleurs s'être réellement maintenu, si l'on s'en rapporte aux dires des producteurs, pour la présente année.

L'importation des raisins secs s'est, en conséquence, prodigieusement élevée. De 3,822,532 kilogrammes en 1870, elle a été de 12,839,279 kilogrammes en 1873 et de 51,008,804 kilogrammes en 1879. En estimant le prix du kilogramme à 40 centimes, on peut dire que la France achète annuellement aujourd'hui pour plus de 20 millions de francs de raisin sec.

Aux termes d'un récent jugement du tribunal de Paris, les marchands de vin fabriqué avec du raisin sec doivent déclarer la nature de ce vin, sous peine d'être accusés de tromperies. Rien de plus juste. Mais si l'on punit un marchand par hasard, on ne fait absolument rien pour réprimer la fraude pratiquée également par beaucoup d'autres. Et il paraîtrait, nous ne voulons rien affirmer, mais nous n'élèverons non plus à ce sujet aucune contestation, il paraîtrait que les marchés de Marseille et de Toulon sont inondés de vins étrangers fabriqués avec des raisins secs qui sont introduits en France sans étiquette spéciale.

La dernière année, l'importation des raisins secs a diminué chez nous justement par suite de la concurrence, sur les marchés de la Sicile et de la Grèce, des Italiens et des Espagnols, qui n'ont pas besoin de cette denrée pour eux-mêmes; ils l'achèteraient pour nous l'expédier ensuite sous forme de vin. Or, il est clair que, de notre côté, nous n'avons pas besoin de l'eau de leurs puits. Il faut donc en entraver l'introduction en France. Et on n'aura aucune tentation d'acheter à l'étranger des vins de raisin sec quand ici leur fabrication sera dégagée de ses entraves.

Il y aurait, il nous semble, un autre moyen bien plus efficace pour la France de s'affranchir, au moins en partie, du tribut qu'elle paye à l'étranger. Et l'on peut se montrer surpris que ces questions ne fassent pas autrement l'objet de la préoccupation publique, quand on songe que nos vignobles ont été un des éléments essentiels de la prospérité du pays, et que plus de quinze cent mille familles de vignerons, et plus de deux millions d'intermédiaires en vivent.

Nous avons déjà dit ici (1), à propos du congrès d'Alger, qui nous avait permis d'en juger par nous-mêmes, quel essor a pris et pourrait prendre encore la production du vin en Algérie. Cette production s'est élevée de 265,000 hectolitres en 1876-1877, à 350,000 en 1878-1879. Il est étonnant que sur ce nombre, il n'y en ait que 10,755 qui soient exportés.

On a éprouvé, comme nous avons eu occasion de le dire, de grandes difficultés pour en arriver, en Algérie, à une bonne fabrication. Dans chaque région, sur chaque terroir, la conduite du vin réclame certaines pratiques, un certain tour de main que des tâtonnements nombreux peuvent seuls faire découvrir.

Chez nous, les raisins recueillis en pleine chaleur donnent un moût fermentant mieux et plus régulièrement; en Algérie, au contraire, la fermentation, dans les mêmes conditions, se fait trop vite, très mal et le vin reste doux. Il ne faut donc écraser le raisin que le lendemain du jour où il a été vendangé, c'est-à-dire qu'après l'avoir laissé refroidir pendant la nuit.

Les caves et l'outillage étaient d'abord très dé-

(1) Voir la *Justice* du 20 mai 1881.

fectueux. Mais çà et là on est arrivé à réaliser sous ce rapport de grands perfectionnements. M. Alcay, par exemple, a fait construire pour les besoins de son exploitation, non loin de Joinville, une cave de 70 mètres de long sur 11 de large, qui contient sept cuves en maçonnerie, dont deux d'une contenance de 60 mètres cubes chacune, et cinq de quarante mètres cubes; vingt-six foudres de 250 hectolitres, et un de 340. Son outillage est en rapport avec ces aménagements presque grandioses. Sa propriété, en 1873, ne possédait cependant pas un hectare de vigne. Il en a planté 120 hectares de 1874 à 1880. Et en 1879 et 1880, il en a retiré un produit brut de 150,000 fr. et de 175,080 fr. Sans le siroco, le produit de 1880 eût dépassé 260,000 fr.

Nous pourrions citer d'autres exemples au moins aussi engageants, comme celui de M. Arlès Dufour, qui récolte bon an mal an 3,600 hectolitres de vin dans ses 60 hectares de vignes.

Les cépages les plus répandus en Algérie sont ceux du Midi de la France. Plusieurs cépages provenant de l'Espagne et du Portugal y sont naturellement acclimatés. Il semble qu'en propageant ces derniers, l'Algérie pourrait, en fort peu d'années, se substituer entièrement à ces pays dans la fourniture de vin qu'ils nous font. Et de même pour l'Italie. Pourquoi ne fait-on aucun effort méthodique dans ce sens? Pourquoi ne fait-on point appel à tant de petits vignerons qui seraient heureux d'aller assurer la colonisation algérienne, s'ils avaient la certitude d'obtenir des terres, gratuitement ou non, et de ne pas être rebutés par une attente indéfinie, comme cela arrive presque toujours?

Pourquoi n'impose-t-on pas la propriété individuelle aux indigènes, pour que la propriété de nouvelles terres soit accessible à de nouveaux colons et que l'agriculture se développe? Pourquoi?... Mais il est bien inutile de continuer ces questions. Voilà bien du temps que tout le monde les répète inutilement devant cette grande machine impersonnelle et sourde, si impuissante par elle-même et si forte pour entraver les efforts de l'initiative privée, qu'on appelle l'administration.

16 décembre 1881.

XXXVI

De l'instinct. — Sa nature et son origine. — Les fourmis
esclavagistes. — Mémorable bataille entre les fourmis. —
Les fourmis agricoles. — Les fourmis à miel. — Intelligence des fourmis. — Grande antiquité de leur famille. —
Leur suprématie à l'époque tertiaire moyenne.

On a presque épuisé les formules admiratives à
l'endroit de certains animaux inférieurs dont l'organisation et les actions sont d'une complexité
réellement surprenante. Il est en effet bien certain que le ganglion cervical des fourmis par
exemple est peut-être la parcelle de matière la
plus merveilleuse qui existe. Car elle est peut-
être le siège de phénomènes plus nombreux et
plus compliqués par rapport à sa masse que le
cerveau bien équilibré d'un de nos penseurs. Rien

ne le prouve assurément, mais on est bien tenté de le supposer devant certains spectacles.

Cela d'ailleurs serait inintelligible pour nous si l'on omettait dans la considération d'un tel phénomène, les conditions nécessaires à sa production, comme on est trop enclin à le faire. Il faut nous déshabituer de regarder l'animal comme voué exclusivement, contrairement à l'homme, aux impulsions instinctives. Il faut nous déshabituer de regarder l'instinct en chaque espèce comme un tout que rien ne change et qui, engendré d'un seul coup, se transmet immuablement.

L'homme aussi obéit dans la plupart de ses actions, à de purs instincts. Et nous distinguons clairement la nature et l'origine de ceux-ci. Ce sont des habitudes qui se sont compliquées et coordonnées tout en s'enracinant, par les expériences accumulées de générations successives, et qui sont devenues héréditaires. Ce sont des actes intelligents, devenus graduellement purement automatiques, ce sont *des actions réflexes composées*. « Tandis que dans la réflexe simple une seule impression est suivie d'une seule contraction, tandis que, dans les formes les plus développées de l'action réflexe une simple impression est suivie d'une combinaison de contractions ; dans celle que nous distinguons sous le nom d'instinct, une combinaison d'impression est suivie d'une combinaison de contractions. » (H. Spencer.)

De même, à l'origine des instincts des animaux, il y a aussi des habitudes héréditaires simples, et à l'origine de celles-ci des actes intelligents, c'est-à-dire conscients.

Ces instincts sont une partie de leur être. Nous ne concevons plus une espèce sans ses instincts propres qui sont une condition de son existence. Mais leur immutabilité tient à ces conditions mêmes. Que ces conditions changent, ils subsistent encore. intacts et se transmettent malgré ce changement. Mais ils finissent par le subir et le même effort conscient qui a présidé à leur formation, est toujours présent ou peut renaître pour présider à leur lente modification. Il faut les considérer comme les autres caractères de l'espèce dont ils sont l'élément psychique. Lentement et graduellement acquis comme eux, ils peuvent ne pas changer dans les limites de notre horizon. Ils peuvent résister même à tout changement comme les autres caractères d'une espèce soumise à des conditions d'existence différentes et dont la perte devient alors inévitable. En ce cas, il est facile de comprendre que l'infime conscience de tel ou tel animal, qui a construit pour ainsi dire pièce à pièce l'ensemble de ses habitudes héréditaires, si elle s'éveille douloureusement lorsque celles-ci cessent d'être conformes à leur but, au bien de l'espèce, elle ne peut les remanier pour ainsi dire d'un seul coup, de fond en comble pour les adapter à de nouvelles conditions d'existence. Elle a ses limites. Elle laisse désarmé l'animal qui ne tarde pas à succomber. C'est sa plus grande puissance chez nous qui fait notre supériorité.

Encore une fois les instincts sont le résultat héréditaire d'efforts intelligents souvent imperceptibles pour nous, mais dont l'action s'accumule pendant des générations. Et le plus merveilleux de tous les instincts connus peut s'expliquer à l'aide de modifications successives, innombrables, mais légères, d'instincts plus imparfaits dont la sélection naturelle aurait profité.

Nous ne formulons pas là qu'une théorie sans preuves. On possède, par exemple, dans les caractères physiques des différentes espèces de guêpes, d'abeilles rapaces et d'abeilles actuellement vivantes, tous les degrés de transition qui permettent de se représenter et de reconstruire l'évolution de ces êtres au cours des âges. Or, ces mêmes espèces offrent dans leurs habitudes ou leurs instincts exactement la même transition qui, suivant les circonstances ou les organes, nous mène du simple au composé et à l'artificiel.

Néanmoins les fourmis se montrent capables d'actions si extraordinaires qu'il est bien malaisé de les regarder comme purement instinctives. Il est clair en tous cas qu'à ce degré de complexité l'instinct implique une dose d'intelligence relativement très grande. Les fourmis amazones volent les larves des fourmis noir-cendrées pour en faire leurs esclaves. Propres uniquement à faire la guerre, elles se font porter, soigner et même gouverner par leurs servantes. Comment expliquer de telles mœurs ? Par l'accroissement insensible d'habitudes héréditaires ? Darwin l'a essayé. Les fourmis amazones, selon lui, auront volé des œufs étrangers pour s'en nourrir ; quelques-uns de ces œufs auront éclos et les fourmis qui en provenaient auront rendu des services dans la communauté. Les fourmis amazones se seront habituées à leurs services et pour ne pas en être privées, elles auront volé des larves principalement, puis exclusivement, pour avoir des esclaves.

Dans cette évolution d'instincts primitifs assez

simples, l'intelligence, le raisonnement conscient qui tire ses enseignements des faits observés, a une part très distincte.

On a peu appris sur les mœurs des fourmis
depuis les belles découvertes de P. Huber. Cependant sir John Lubbock a fait, réuni et publié
l'année dernière une certaine quantité d'observations originales.

Le docteur Büchner, dans un ouvrage volumineux dont la traduction a paru en France cette
année-ci, a de son côté rassemblé, sur confirma-
tions nouvelles de divers auteurs, tous les faits
psychiques qui s'y rapportent. Le sujet est
presque inépuisable.

L'organisation sociale des fourmis est souvent
très compliquée. Certaines espèces vivent en république; d'autres en monarchie. D'autres forment une société où se trouvent, comme chez les
termites, des soldats, des ouvriers, etc., chacun
étant voué à une fonction particulière.

Un savant des États-Unis, le docteur Lince-
cum, a eu dernièrement la bonne fortune d'assister à une terrible bataille entre deux espèces
de fourmis. Ces deux espèces sont une fourmi
noire, dite *fourmi folle*, car elle vit dans une agi-
tation, un va-et-vient perpétuel; et une fourmi

plus grande, à tête rouge, dite des arbres. Dès
que la bataille fut engagée, les deux adversaires
appelant les leurs à leur aide, le nombre des com-
battants ne cessa de grandir et la lutte s'étendit
sur une surface de trois à quatre mètres de longueur. Les petites noires plus nombreuses se
mettaient deux ou trois après un ennemi et arri-
vaient à l'estropier, surtout aux jambes. Les
têtes-rouges de leur côté ne visaient qu'à déca-
piter les noires, et elles s'en acquittaient « avec
une dextérité et une aisance surprenantes ».

Après quatre ou cinq heures, les noires faiblis-
sant firent mander toutes leurs réserves. Aussitôt
des portes d'une de leurs grandes villes, qui était
bien à soixante-dix pas de distance, commencè-
rent à venir des milliers d'individus. Leur nombre
devint tel qu'on les eût pris pour un ruban d'un
noir profond qui aurait roulé sur le sol et qui
n'avait pas de fin, car ils sortaient toujours de
leurs villes par milliers innombrables. Mais
tandis qu'ils s'avançaient à marche forcée les
leurs lâchèrent pied sur le champ de bataille et
prenant la fuite, répandirent la panique dans tous
leurs rangs. La déroute devint générale. En cinq
minutes, il ne resta pas une fourmi noire sur le
terrain et même dans tout le voisinage, car la

terreur se répandit au loin. Sur le champ de bataille seulement bon nombre d'entre elles secouraient les blessés, les portaient à l'ombre d'une grosse motte et rentraient les morts dans la ville la plus voisine. En une heure cette triste besogne était terminée. Et il n'y eut plus au lieu du combat que les têtes séparées des vaincus, si nombreuses qu'elles ressemblaient à « des grains de pavot dont on aurait saupoudré la terre ».

Certaines fourmis ont des animaux domestiques, des pucerons, dont elles tirent un liquide sucré.

D'autres ont des exploitations agricoles. Le même savant américain dont nous venons de rapporter le dramatique récit de bataille, a fait encore dernièrement à ce sujet une observation très curieuse. Il existe au Texas des fourmis qui savent déblayer, dénuder et aplanir autour de leur nid un espace relativement considérable et y semer, en temps opportun, les très petites semences d'une graminée, que l'on a appelée *riz de fourmi*. Après les semailles, elles ont soin de sarcler diligemment leur champ, puis le temps de la moisson venue, elles recueillent et emmagasinent les récoltes.

Il existe également, en Amérique, d'autres fourmis qui possèdent une aptitude presque aussi singulière. Elles ont été observées par le docteur Mac Cook au Mexique et dans le Colorado, il y a également fort peu de temps.

Cette espèce renferme, en outre des mâles, des reines et des ouvrières ordinaires, des individus porteurs de miel dont l'abdomen distendu est rendu presque sphérique par le miel qu'il contient. Ces compotiers vivants sont suspendus dans les nids comme des grappes de mouches, se tenant par les pattes. En les examinant avec soin, le docteur Mac Cook, a reconnu que les ouvrières leur apportent le miel qui est avalé, mais non digéré. Quand une autre fourmi a faim, elle caresse légèrement l'abdomen du porteur de miel, qui livre alors sa marchandise.

Sir John Lubbock s'est particulièrement occupé des moyens dont les fourmis se servent pour communiquer entre elles. Au cours de ses plus récentes recherches, il lui a été donné de constater chez ces animaux une longévité inattendue. Parmi ses pensionnaires actuelles, il compte, en effet, deux reines fourmis! qui existaient déjà dans un nid qui lui fut apporté des bois en 1874. Elles sont toujours très vivaces. Les neutres paraissent vivre moins longtemps.

Quelques-unes, néanmoins, ont vécu jusqu'à six ans, notamment dans les nids de l'espèce appelée *lasius niger*.

En présence de ces aptitudes si variées, de ces instincts si complexes, d'une intelligence si manifeste, nous sommes en droit d'attribuer aux fourmis une bien grande ancienneté sur notre globe. Et plus que cela même. Une famille douée de tant de qualités n'a pu atteindre son développement qu'après avoir vu ses variétés soumises à une concurrence vitale très vive et qu'après avoir exercé dans le monde animé une certaine suprématie, grâce au nombre de ses représentants.

Les fourmis jouent encore d'ailleurs un rôle considérable dans certaines parties de notre globe, par exemple au Brésil et en Afrique où les bêtes de somme reculent devant leurs rangs pressés et où elles dévorent en un instant des animaux aussi gros que les lézards de ces pays. Des espèces entières de mammifères et d'oiseaux tirent d'elles leur origine ; car leur vie est en quelque sorte entée sur la leur et ils sont organisés pour les détruire.

Nous nous imaginons donc sans peine qu'au milieu de notre époque tertiaire, notre globe était couvert d'innombrables bataillons de fourmis luttant entre eux et imposant souvent leurs lois aux autres êtres, sauf à ceux qui pourvus d'ailes pouvaient sans risques les combattre et les dévorer.

3 novembre 1832.

XXXVII

Les mines de houille en Europe. — Les conséquences de
leur épuisement. — Nouveaux terrains houillers observés au Tonkin.

Il est bien certain qu'avant deux siècles, les
mines de houille de l'Angleterre et même de
toute l'Europe occidentale, seront à peu près
épuisées. L'Anglerre aura perdu un des éléments
essentiels de son énorme prépotence industrielle,
commerciale et maritime. Aura-t-elle à ce moment trouvé le moyen de le remplacer, solidaire
en cela de toute l'Europe? Cette préoccupation
n'est pas étrangère aux efforts croissants poursui-
vis de toutes parts pour rendre pratique l'emploi
de l'électricité comme force éclairante et motrice.
Jusqu'à présent, on ne peut obtenir celle-ci en

quantité suffisante que par la combustion de la houille. Mais il est permis d'espérer qu'on arriverait, le cas échéant, à faire intervenir pour cette production, au lieu de la combustion de la houille, les forces naturelles telles que les vents, les chutes d'eau, etc. Il n'est pas dit non plus que ces forces mêmes ne pourraient pas être emmagasinées et transportées à distance sans l'intermédiaire de l'électricité. Elles suffiraient, en effet, parfaitement pour permettre d'obtenir des quantités indéterminées de gaz comprimés (air ou acide carbonique) que l'on transporterait et vendrait dans des vases appropriés équivalant chacun à telle ou telle quantité de force motrice. L'air comprimé a déjà reçu dans ces conditions des applications très pratiques.

Ce sont là assurément des choses utiles à discuter dès maintenant et que l'on discute avec fruit.

Cependant l'épuisement des mines de houille dans l'Europe occidentale a un autre remède plus immédiat, qui est tout bonnement l'exploitation des mines de houille des autres parties du monde. Or, personne aujourd'hui ne peut dire ce que notre globe recèle encore dans ses flancs, sous forme de charbon, de force motrice exploitable.

Dans l'Europe même, cette force n'est point encore complètement connue. Ainsi au sud-ouest du royaume de Pologne, le long des frontièrcs de Prusse et d'Autriche, il existe des terrains houillers d'une grande puissance qui affleurent en bien des endroits. La mine de Reden, située à Dombrowa, est établie sur une couche de houille qui passe pour être une des plus considérables qui existent. Cependant son exploitation, qui est depuis peu entre les mains d'une compagnie franco-italienne, date pour ainsi dire d'hier. Elle se fait encore dans des conditions rudimentaires. Elle a néanmoins fourni avec les autres mines de la région 226,106 tonnes de charbon en 1870. Et cette production s'est élevée à 905,300 tonnes en 1878.

Il existe des terrains houillers encore plus neufs dans d'autres parties de la Russie. Personne ne peut dire ce que fournira l'Australie qui fournit déjà tant de charbon, bien qu'il n'y ait encore qu'une faible partie de son territoire qui soit colonisée. On sait qu'il existe en Chine des terrains houillers d'une puissance inconnue, qui ne sont pour ainsi dire pas exploités. D'autres régions considérables de l'Asie restent inexplorées sous ce rapport.

Or, dans l'une de ces régions, on vient de faire une découverte qui intéresse particulièrement la

France. M. Edm. Fuchs vient d'observer dans le Tonkin de riches mines de houille. Le terrain qui les renferme forme dans l'Indo-Chine une série de bassins importants qui s'échelonnent le long de la mer. Ce terrain repose sur le calcaire carbonifère et est surmonté par une puissante formation de grès, de pouddingues et d'argilolithes. Il affleure sur la côte nord et M. Fuchs l'a reconnu sur une étendue de 110 kilomètres et sur une largeur de quinze kilomètres. Sa largeur est en réalité bien plus grande, car on trouve des affleurements de houille en dehors de la région que M. Fuchs a visitée. Il renferme quatre espèces différentes de houille. Et M. Fuchs calcule que la masse de charbon exploitable seulement jusqu'à 110 mètres au-dessous du niveau de la mer dépasse 5 millions de tonnes. (C. r. de l'Académ. des sc. du 10 juillet.)

M. Zeller a étudié les empreintes végétales recueillies dans ces couches par M. Fuchs. Il a pu constater que ces couches renferment des espèces identiques non pas à celles de notre terrain carbonifère, mais à celles des terrains compris entre le trias et le lias qui sont postérieurs et appartiennent au secondaire (1).

(1) *Académie des sciences* du 24 juillet.

L'évolution de leurs formes végétales avait donc une avance sur celle des nôtres. Dès ce moment aussi l'Australie possédait une flore propre qui différait de la flore houillère de l'Europe autant qu'aujourd'hui. Ces deux flores, celles de l'Europe et de l'Australie, se mêlaient dans le sud de l'Asie, où se rencontrent, comme dans la houille du Tonkin, des espèces propres à chacune d'elles. Faut-il en conséquence regarder cette région asiatique uniquement comme un trait d'union? N'est-elle pas quelque chose de plus? N'est-elle pas le centre primitif de diffusion des espèces végétales des deux flores? Les terres asiatiques nous apparaissent décidément comme les plus anciennes terres émergées et celles d'où les différentes formes principales de la vie se sont répandues sur le reste du monde.

16 août 1882.

XXXVIII

I. — De la formation de dépôts houillers. — Les expériences de Commentry. — II. — Le monstre double de Genève. — Le fou du roi d'Écosse Jacques IV.

I. — On admettait jusqu'à présent et on admet encore que les grands dépôts de houilles sans lesquels l'épanouissement de notre civilisation industrielle eût été impossible, se sont formés dans des conditions analogues à celles de nos tourbières. Des forêts entières et leurs débris accumulés sur un sol marécageux s'étaient, pensait-on, affaissées lentement ; et, sous l'action des eaux et d'une pression graduellement plus forte, elles s'étaient transformées en tourbe, puis en lignite et enfin en houille. La longueur du temps immense écoulé depuis l'époque carbonifère rendait compte du mécanisme de cette prodigieuse transformation sur place de masses énormes de végétaux.

Quelques objections très fortes se dressaient pourtant devant cette théorie. Mais le champ de l'inconnu est toujours grand en chaque domaine, et il faut bien se résigner à ne pas toujours pouvoir embrasser tous les faits dans une seule explication. Et, d'ailleurs, les conditions de notre globe à l'époque houillère ne laissaient guère place à d'autres théories qu'à celle de la formation sur place. Les continents étaient alors des terres basses coupées de lagunes et les mers étaient peu profondes. C'est du moins là ce qu'indiquent la flore de cette époque (V. de Saporta) et les idées aujourd'hui les mieux fondées sur l'origine des reliefs et des bas-fonds terrestres qui résulteraient moins d'une sorte de bouillonnement interne soulevant et brisant la croûte superficielle, que du refroidissement du centre de notre globe qui, en se contractant, a entraîné plus profondément les parties de la surface déjà les plus basses. Aux époques primitives, les inégalités du sol étaient moins grandes et les cours d'eau moins violents. Les pluies, toutefois, étaient extrêmement abondantes, particulièrement à l'époque houillère: « La pensée, dit M. de Saporta, n'a qu'à se laisser emporter à travers un lointain aussi reculé ; elle contemplera des plages basses, au sol mouvant imbibé, à peine assez élevées pour fermer aux flots de la mer l'accès des lagunes intérieures, dominées par des hauteurs peu hardies et souvent voilées par une brume épaisse, se prolongeant à perte de vue et ceignant d'une verdure peu profonde une nappe dormante aux contours indécis. Ce fut là le berceau des houillères ; des myriades de ruisseaux limpides alimentés par des pluies torrentielles, se déversaient des pentes voisines et des vallées supérieures, comme autant d'affluents de chacun de ces bassins. »

Il y aurait quelques retouches à apporter à ce beau tableau si la théorie nouvelle de la formation de la houille expérimentée dernièrement, devait complètement détrôner celle que nous venons d'exposer. M. Stanislas Meunier nous annonce que tel est l'événement prochain et il se propose de publier un travail à ce sujet (1).

Il a été visiter ces jours derniers dans l'Yonne, près de Dixmont, un gisement de lignite exploité par M. d'Eichthal. Le lignite est du bois altéré à la suite d'un long enfouissement, ou si l'on veut, en train de passer à l'état de charbon de terre. Il

(1) *La Nature,* du 4 novembre.

conserve encore souvent la texture des végétaux d'où il provient. Mais il renferme aussi déjà des parties compactes et brillantes comme le charbon de terre et des parties pulvérulentes comme une terre tourbeuse. Les parties compactes servent, sous le nom de *jais* ou *jayet* à la confection d'objets de parure depuis un temps immémorial, car on possède des perles et des colliers de jais qui remontent en Europe à l'époque préhistorique du bronze. Certaines de ces parties sont ternes au lieu d'être brillantes. On s'en sert également dans la bijouterie, à Paris même, sous le nom de bois durci ou bruni. Des parties pulvérulentes on tire la couleur appelée *terre d'ombre*.

A Dixmont, le lignite se présente sous tous ces différents aspects. M. S. Meunier, en visitant la carrière où on l'exploite, a constaté que le long de la paroi, de 13 mètres de haut, les débris végétaux ont une disposition étrange, inexplicable avec la théorie de la formation sur place. « C'est un enchevêtrement indescriptible de gros troncs d'arbres ayant souvent 40 centimètres de diamètre et 3 mètres de long, jetés pêle-mêle, tordus les uns par les autres et souvent brisés de façon à exposer de face aux regards le faisceau de leurs fibres disjointes. »

Cette disposition évoque l'idée d'un entassement confus par le charriage d'un grand fleuve.
Ce lignite d'ailleurs, qui occupe une dépression
de la craie, n'est pas antérieur à l'époque tertiaire. Mais dans les houillères de Commentry
(Allier), M. Meunier a pu constater une disposition analogue. Dans ces houillères, on a fait des
tranchées à ciel ouvert de plusieurs kilomètres
de long et de 60 mètres de profondeur. La strati-
fication des couches de grès, de schiste et de
charbon, peut aisément y être observée.

Or, si par exemple on choisit une couche de
grès à gros grains pour la suivre horizontalement, on la voit changer insensiblement de texture, passer au grès à petits grains, puis au
schiste véritable, et enfin, en s'imprégnant graduellement de matière organique, à la houille
proprement dite. Dans quelles conditions a pu se
produire une telle formation?

M. Fayol pense que c'est sous l'eau d'un lac profond par l'apport continu de matériaux charriés
pêle-mêle par des rivières. Voici, en effet, quelle
expérience il a pu faire comme ingénieur de Commentry : Dans un petit cours d'eau rapide se rendant dans un petit bassin artificiel il a mêlé des
boues, des cailloux, de l'argile, de la pyrite broyée

et des débris végétaux. Puis, ayant laissé dessémer le bassin, il a fait une coupe dans le dépôt qui s'y était formé. Au lieu d'y retrouver les matériaux qu'il avait fait charrier, accumulés en désordre, il a constaté l'ordre même qui avait présidé à la formation des couches de Commentry, et qui résultait de la densité relative de ses matériaux. Les gros galets s'étaient précipités à la bouche même du cours d'eau. Les sables étaient allés plus loin, les limons-plus loin encore et les débris végétaux plus légers s'étaient déposés les derniers, le plus loin de l'embouchure. Ces matériaux se succédaient d'ailleurs dans cet ordre par des transitions insensibles. Si l'on faisait charrier plus longtemps, la couche entière s'épaisissait ; elle se modifiait verticalement si les matériaux changeaient, mais ceux-ci se déposaient toujours dans l'ordre de leur densité relative et les strates convergeaient invariablement vers le dépôt végétal. C'est exactement là ce qui s'est passé dans le bassin houiller de l'Allier. C'est ce qui se passe encore à l'embouchure de certains fleuves tels que le Mississipi. Mais tous les dépôts houillers se sont-ils formés dans de telles conditions ? Il est permis d'en douter jusqu'à nouvel ordre.

II. — Dans l'une des dernières séances (21 octobre), de la société de biologie, M. Paul Bert, son président, a fait connaître un monstre qui, jusqu'ici, n'a pas fait parler de lui, mais qui n'en est pas moins un des plus curieux qui aient existé. Ce monstre réside à Genève, si nous ne nous trompons. Et c'est à l'occasion du congrès d'hygiène qui s'est tenu en septembre dernier dans cette ville que M. Paul Bert a pu l'observer. C'est un enfant de cinq ans qui a deux têtes, deux thorax, quatre bras, un seul abdomen et une seule paire de jambes. La fusion des deux êtres se fait à l'endroit où la vésicule ombilicale s'est atrophiée. Et l'unité anatomique est alors complète. Mais la dualité physiologique persiste. C'est-à-dire que la paire de jambes n'a pas un seul et même propriétaire ; elle n'est pas gouvernée par le même cerveau.

Voilà le plus extraordinaire. Il n'y a pas d'ailleurs entrecroisement des systèmes nerveux comme il y a entrecroisement des fibres des deux hémisphères d'un cerveau, l'hémisphère droit régissant les membres de gauche et l'hémisphère gauche les membres de droite. Chacune des deux têtes du monstre a sa jambe à elle qui est celle qui est de son côté. Aussi lorsqu'elles jouent et se battent les voit-on se servir de leurs jambes et les opposer l'une à l'autre. Comment la coordination des mouvements de ces deux jambes se fait-elle pour la marche dans ces conditions ? nous ne saurions le dire. Mais il est présumable que la jambe d'une tête n'est pas entièrement indépendante de l'autre tête. Des fibres nerveuses de l'hémisphère droit de la tête gauche rejoignent par exemple sans doute les fibres de l'hémisphère droit de la tête droite pour régir la jambe gauche. L'indépendance des têtes est d'ailleurs complète. Elles se ressemblent par l'intelligence et la figure. Elles parlent toutes deux le français, l'italien et l'allemand. Et l'une peut parler une langue pendant que l'autre fait la conversation dans une autre. La sensation de la faim, de la soif, du sommeil se fait sentir indépendamment chez l'une et chez l'autre. Et la dualité de l'estomac entraîne la dualité de la réplétion et de la satisfaction. Mais elles éprouvent simultanément le besoin de la mixtion et de la défécation.

Un monstre semblable a déjà existé. Il fut le bouffon du roi d'Écosse, Jacques IV. La dualité physiologique était chez lui plus accentuée. Des deux êtres qui le composaient : l'un était plein d'intelligence et de verve et charmait les dames de la cour par son esprit, tandis que l'autre, idiot

et brutal, ne songeait qu'à boire malgré le déses-
poir de son frère, soumis de force à l'alcoolisme.
Ils sont morts tous deux des excès du second.

10 novembre 1882.

FIN

INDEX ALPHABÉTIQUE

R

S

T

V

F. Aureau. — Imprimerie de Lagny.